云南野生植物资源

横断山杜鹃（1）

主　编：范眸天

副主编：杨正安

　　　　丁玉梅

　　　　范抒宇

HENGDUANSHAN
RHODODENDRON (1)

中国林业出版社
China Forestry Publishing House

图书在版编目（CIP）数据

横断山杜鹃. ① / 范晔天主编；杨正安, 丁玉梅,
范抒宇副主编. -- 北京：中国林业出版社, 2022.9
（云南野生植物资源）
ISBN 978-7-5219-1861-8

Ⅰ. ①横…　Ⅱ. ①范…②杨…③丁…④范…
Ⅲ.①横断山脉—杜鹃花属—介绍　Ⅳ. ①Q949.772.3

中国版本图书馆CIP数据核字（2022）第163902号

策划、责任编辑：贾麦娥
装帧设计：刘临川　陈桂莲
摄影：范晔天　范抒宇（历史、人物等照片出处单独注明）
书法：曾德贤
绘画：张彦

出版发行：中国林业出版社
　　　　　（100009，北京市西城区刘海胡同 7 号，电话 83143562）
电子邮箱：cfphzbs@163.com
网址：www.forestry.gov.cn/lycb.html
印刷：北京博海升彩色印刷有限公司
版次：2022 年 9 月第 1 版
印次：2022 年 9 月第 1 次印刷
开本：889mm×1194mm　1/16
印张：20
字数：652 千字
定价：380.00 元

前 言

    中国是世界上杜鹃分布最多的国家，横断山又是中国杜鹃分布最多的区域，是世界杜鹃起源与分化中心之一，历来是杜鹃研究的热点地区。由于种种原因，至今中国对横断山野生杜鹃资源研究利用方面相对滞后（如栽培驯化和育种等方面），摸清该区域野生杜鹃资源状况是对其研究利用的前提。云南农业大学、云南农业大学中国花文化研究院的低纬高原野生花卉教学和科研工作者数十年来在对横断山野生杜鹃资源进行深入调查、收集的基础上，撰写了此书。书中以图文并茂的方式介绍了杜鹃种、现生存状态、生态环境等，还简要介绍了横断山杜鹃在历史上中外著名人物的采集史、民间应用、文化等。书中杜鹃的植物分类排列采用较新的詹姆斯·库伦（James Cullen）2005 年杜鹃分类系统排列，并与《中国植物志》五十七卷第一、第二分册（1993、1995 年）等国内主要杜鹃分类专著的不同进行了比较，对各专著中中文名之间的异同，各亚属、组、亚组的差异与区别进行了比较说明。书中不仅从植物学特性进行了简要描述，还从园艺学及育种学角度对杜鹃园艺分类观点进行了梳理，便于读者对当今杜鹃的园艺分类的最新进展有所了解。书中还对一些杜鹃种内的变异类型用图像方式进行了表述，为育种工作者提供了大量可供选择和参考的种质材料。

    本书资料新颖、图片精美，是一本可供园艺、野生资源发掘利用、花卉育种等相关工作者参考的书，也是一本可供花卉及花文化爱好者、旅游爱好者欣赏的书。希望本书会对我国杜鹃研究、花文化传播有所裨益，这是全体编撰人员的一个小心愿。

    本书出版之际，让我们缅怀在杜鹃花的认知过程中对我们指教与帮助的享誉世界的园艺家沈荫椿先生，感谢中央电视台《花开中国——杜鹃花集》韩真导演帮助提供了国外书籍资料；诸多老一辈植物学和园艺学前辈方瑞征研究员、闵天禄研究员、吕春朝研究院、朱象鸿研究员、张敖罗研究员、吕春朝研究员、杨增宏高级工程师对本书的撰写进行了指教；本书还得到了龚洵研究员、冯宝钧高级工程师、马永鹏研究员、杨杨博士、褚锡斌教授、陈国华教授、张金渝研究员、李燕研究员、李世峰研究员、解伟佳研究员、熊灿昆董事长的指导和帮助。感谢方永根董事长等提供国外越橘类杜鹃（长尾种子类鹃）的种子，对同行肖润荣及各少数民族朋友的帮助和提供的各民族语言的翻译等，在此一并表示感谢！

编者
2022 年

目录

第一章

概　述

01 杜鹃的多样性

杜鹃是世界各国最喜爱的观赏植物，至今人们已用杜鹃原种（自然种）培育出了数以万计的园艺品种；并广泛应用于城镇、庭院、室内绿化、美化。在中国，因白居易"花中此物是西施，芙蓉芍药皆嫫母"的诗句使之有了"花中西施"的誉称。欧美各国自从中国等地直接采集杜鹃原种或通过各种育种手段培育成园艺品种后，在花园物种配置中就有了"无鹃不成园"之说。可见各国人民对杜鹃的喜爱。造成这一现象的原因之一主要还是因为杜鹃原种（自然种）的遗传多样性，至今已发现的杜鹃花属野生原种已超过1 000个，并还不断有新种被发现。

野生杜鹃从热带［主要分布于新几内亚岛、加里曼丹岛、印度尼西亚等亚洲东南部的热带越橘类鹃（长尾种子类鹃）Vireyas］至极高山冰缘带均有分布［主要分布于横断山脉及喜马拉雅山脉的高山杜鹃（耐寒杜鹃、踯躅鹃类）类鹃 Rhododendrons］。例如：杜鹃亚属（有鳞杜鹃亚属）Subgenus *Rhododendron* 高山杜鹃亚组 Subsection *Lapponica* 等其中的一些种可达5 300m 的海拔，在横断山脉一些超过4 500m 的高海拔地方可以看到的灌木仅有高山杜鹃等极少数植物。

杜鹃花属是观赏植物中的大属之一，杜鹃不仅属中种众多，一些种内的变异也是色系等丰富多彩，如：露珠杜鹃 *Rhododendron irroratum* 这一个种中花色就有红色、黄色、白色等；花冠上的斑点从无到有（斑点多少、色泽也不一）等，这些多样性为新品种的培育提供了丰富的可选择遗传背景。

在严酷的高海拔气候条件下见到的灌木是杜鹃及极少数其他灌木

海拔 5 000m 左右的米拉山口附近 6 月下旬紫蓝色杜鹃正盛开

一、露珠杜鹃的种内花色多样性

杜鹃花属中的一些广泛分布的种，如：常绿杜鹃亚属Subgenus *Hymenanthes* 露珠杜鹃亚组 Subsection

Irrorata 中的露珠杜鹃 *R. irroratum*，这一个种中花色就有红色、黄色、白色等；花冠上的斑点从无到有（斑点多少、色泽也不一）。

红花露珠杜鹃

红花露珠杜鹃。花冠上的斑点
大、颜色深

露珠杜鹃花冠基部黄色。仅花
冠上部有斑点

露珠杜鹃花冠乳黄色，花冠近
无斑点

花冠乳白色、花冠斑点多
而密集

花冠白色、花冠上紫色斑点从
无至多（少）

花冠白色、花冠上紫色斑点从
无至多（中）

花冠白色、花冠上紫色斑点从
无至多（多）

花冠白色、花冠上具黄色斑点

花冠上有、无斑点比较

二、大白花杜鹃的种内高矮、香味多样性

常绿杜鹃组 Section *Pontica* 云锦杜鹃亚组 Subsection *Fortunea* 中的大白花杜鹃 *R. decorum* 从海拔数百米至近4 000m 均有分布，植株从18cm株高就有开花至1m以上才开花的，花色从粉红色至纯白色的，花有香味至无味的等在野生种中都存在；在对野生种的引种驯化与栽培和杂交育种中就可按引种地的气候、环境条件、育种目标等进行相应的选择。

从露珠杜鹃和大白花杜鹃两例可看出：野生高山杜鹃的遗传多样性、生长地气候小环境多样性及适应性、分布海拔的多样性等为新品种的培育提供了丰富的选择广度基础。

丽江文笔山大白花杜鹃 *R. decorum* 18cm 高就开花。花期 5 月

分布于云南海拔不足 1 000m 处的大白花杜鹃 *R. decorum*

香格里拉尼西乡境内的粉红色大白花杜鹃 *R. decorum*（疑似天然杂交种）具香味

分布于云南西北部梅里雪山 3 380m 处高大的大白花杜鹃 *R. decorum*，9 月正值花期

02 横断山自然景观与花文化

一、横断山自然概况

我国杜鹃花属植物从行政区划上看，除新疆维吾尔自治区、宁夏回族自治区没有外，其他省、自治区、直辖市均有分布。其中杜鹃类鹃 Azaleas 主要分布于华南地区，越橘类鹃（长尾种子类鹃）Vireyas 的300余种中我国仅有不足10种分布于云南、广西、贵州、西藏等地。高山杜鹃（耐寒杜鹃、踯躅鹃类）Rhododendrons 主要分布在西南地区。高山杜鹃分布最多的为云南省、四川省、西藏自治区；广西壮族自治区、贵州省次之。其中种的数量最丰富的是在滇、川、藏三省区交界的横断山脉，这一区域是我国现今原生态保存最好的区域，它涵盖了行政区划上云南省迪庆藏族自治州的德钦、香格里拉、维西，怒江傈僳族自治州的贡山、福贡、兰坪，丽江地区的宁蒗、玉龙，大理白族自治州的鹤庆、剑川、洱源、漾濞、大理、云龙、巍山，保山地区的隆阳、腾冲，昆明市的禄劝等县市（其中在云南高山杜鹃类又以隶属于横断山脉的三江并流区域《世界遗产名录》中的白茫—梅里雪山片区、高黎贡山片区、红山片区、哈巴雪山片区、千湖山片区、老君山片区、老窝山片区、云岭片区数量最多、最密集）。四川省的若尔盖、松潘、马尔康、康定、炉霍、甘孜、理塘、稻城、木里、乡城、德格、白玉等（而甘孜藏族自治州的康定、泸定、稻城，凉山彝族自治州的木里、冕宁，雅安市的宝兴、石棉，阿坝藏族羌族自治州的松潘、金川、小金、汶川、马尔康、理县、茂县、黑水是四川高山杜鹃较多的县）。西藏自治区的类乌齐、昌都、察雅、左贡、芒康、察隅、波密、墨脱等。

喜马拉雅山脉山南地区的错那，日喀则地区的定日、定结、聂拉木、亚东等也是西藏高山杜鹃分布较多的县。

横断山脉、喜马拉雅山脉是高山杜鹃的分布及起源中心，特别是横断山脉占到了高山杜鹃（耐寒杜鹃、踯躅鹃类 Rhododendrons）近60%的种。这一区域杜鹃为什么如此之多，我们看看它的自然地理状况（成因）：由于印度板块与欧亚板块的碰撞造成了青藏高原的隆起与南北向横断山脉的形成。青藏高原的不断抬升，使亚洲大气环流发生了极大的改变，形成了现今的季风系统——南亚夏季风和东亚季风，从而改变了亚洲乃至世界的气候环境和横断山脉区域的气候环境。而横断山脉是我国从第一台阶青藏高原向第二台阶云贵高原或四川盆地等的过渡地段，属于青藏高原地质构造体系中的延伸部分。区域涵盖了中国的西藏（东南部）、四川（西部）、云南（西北部、西部）及缅甸、印度的一部分（北接青藏高原，南达中南半岛，西至印度、缅甸，东南邻四川盆地、云贵高原，连接我国最高大的喜马拉雅山脉东端的南迦巴瓦峰7 782m，念青唐古拉山的主峰加拉伯垒峰7 294m、然乌北部的安久拉山，唐古拉山山脉的东南端、昆仑山延伸至四川的部分等段，地理位置大致在东经96°~105°，北纬25°~34°之间。面积大约60万km²）。这一区域内高山峡谷相间，山系多纵向排列，有独龙江（伊洛瓦底江的上游）与怒江（萨尔温江的上游）的分水岭高黎贡山—伯舒拉岭，怒江与澜沧江（湄公河的上游）的分水岭怒山—他念他翁山，澜沧江与金沙江（长江的上游）的分水岭云岭—芒康山及沙鲁里山脉，大雪山—锦屏山，邛崃山脉及长江支流雅砻江、大渡河等大小1 000余条河流，由于江河的不断切割，形成了山高谷深、断陷盆地、湖泊星罗棋布的地形地貌，境内高差悬殊大，植被带垂直分布明显，是生物多样性研究的热点区域。

从气候特点来看：横断山大部分区域冬季受干燥的大陆季风控制，夏季盛行湿润的海洋季风，气候主要属低纬山原季风气候。气候类型丰富多样，有南亚热带、中亚热带、北亚热带、南温带、中温带和高原气候区等气候类型。由于地形复杂和垂直高差大等原因，立体气候特点显著。最突出的特点是大部分地区

横断山

从高黎贡山—伯舒拉岭（云南）上俯视怒江

年温差小，日温差大；干湿季分明，气候垂直变化差异明显。夏季，阴雨天气多，太阳光被云层遮蔽，温度不够高。冬季，受干暖流控制，晴天多，日照充足，温度较高。从一天的温度变化看，早晚较凉，中午较热，全年85%的雨量集中在5～10月的雨季。降水量在季节上和地域上分配不均匀，最多的地方年降水量可达3 000mm 以上，最少的地方年降水量不足400mm。另外，因海拔高度及纬度差异呈现出寒、温、热三带气候。基于上述气候特点，适宜许多植物的生长，也造就了横断山成为全国植物资源种类分布最多、生物多样性最为丰富的地区之一。这一区域涵盖了植物区划中的滇西峡谷区、康藏高原区、金沙江区、东喜马拉雅区及滇缅老等区。

　　从区域上看，雨季由饱含水气的从印度洋吹来的季风受隶属于横断山脉的高黎贡山—伯舒拉岭、怒山—他念他翁山、云岭—宁静山（芒康山）等的层层阻隔而依次水气递减，

横断山（西藏境内）怒江

从云岭（白茫雪山）上俯视澜沧江

澜沧江（德钦县境内）

金沙江（丽江石鼓镇附近）

生长在高黎贡山西坡界头乡境内针阔混交林中高20余米的大树杜鹃

而沙鲁里山、大雪山、邛崃山等区域同时受四川盆地等的影响湿度又有所差异；总体上横断山大环境受青藏高原季风影响，冬春季晴朗干燥，夏秋季温暖潮湿。加之横断山区域内地形地貌复杂、类型繁多，在小范围内海拔高差大，造就了这一区域内常常"一山分四季，十里不同天"，在极小范围就有干热或干暖河谷带、亚热带、暖温带、温带、寒温带的气候类型。例如，保山腾冲段高黎贡山西东两侧降水量差异极大，西边腾冲城区一带年降水量平均为1 531mm，相对湿度77%；而东坡下潞江坝年降水量仅700~1 000mm，属于亚热带干热河谷气候。

横断山脉还因其特殊的南北山脉走向对物种的南北、东西交流也产生了影响，使南北向的物种交流更易，而东西向的物种交流因一系列极高山的阻挡而分化成新的物种。海拔高度的差异等原因也促成了物种的分化与保存，使其成为杜鹃种类最为丰富的区域之一。在这一区域分布有300余个杜鹃种，占了全球杜鹃种的1/3。全球高山杜鹃（耐寒杜鹃、踯躅鹃类 Rhododendrons）中的大部分野生种都分布在这一地区，它是高山杜鹃（耐寒杜鹃、踯躅鹃类 Rhododendrons）的分布和分化中心。从海拔数百米至5 000余米的范围均有分布；其中仅分布于横断山冰缘带的杜鹃就有25种之多。甚至在环境条件极其恶劣的高山流石滩都可见到其身影。从多样性来看：杜鹃花属花色更是五彩缤纷，是野生观赏植物中颜色最为丰

富的；植株高度从10余厘米的种至20余米的种都有，是其他属中少见的高差。花朵、叶片大小差异也是最大的属。

二、横断山脉自然景观

横断山是中国自然风光最美、人文景观最丰富、路途最难到达的区域。也是中国人应用现代科技知识认知最晚的区域之一。现人们所熟知的横断山境内世界自然文化遗产的三江并流区，梅里雪山、白茫雪山、泸沽湖、丽江、大理、腾冲，贡嘎山、四姑娘山、稻城三神山、海螺沟，"318"国道上的"七十二拐"，中国最雄伟壮观、气势磅礴的独龙江峡谷、怒江峡谷、澜沧江峡谷和金沙江峡谷均在其中。

横断山脉大雪山的支脉白岩子山海拔4 300m处生长在高山流石滩上的杜鹃

太子雪山及梅里雪山

卡瓦格博峰（海拔 6 740m）为藏区四大神山之一

神女峰（缅茨姆海拔 6 054m）与冰川雨林

五佛神冠峰（吉娃仁安海拔 5 470m）与神瀑

笑农峰（巴乌八蒙海拔 6 000m）

雨崩村观看神女峰（缅茨姆）五佛神冠峰（吉娃仁安）　　白茫雪山西坡

从太子雪山看白茫雪山（主峰扎拉雀尼峰海拔 5 640m）

白茫雪山垭口（海拔 4 292m）

白茫雪山

高山（怒江）峡谷

横断山脉与喜马拉雅山脉、念青唐古拉山脉交汇处的南迦巴瓦峰（海拔 7 882m）与加拉白垒峰（海拔 7 294m）

稻城三神山（日松贡布）：仙乃日（海拔 6 032m）、央迈勇（海拔 5 958m）、夏洛多吉（海拔 5 958m）

暖热河谷

从期永贡村看白茫雪山

三、丰富的文化积淀与多元文化

在横断山脉不仅仅能观赏到世界上最为丰富多彩的杜鹃，也能领略到多元文化及多姿多彩的民俗风情。在这里有至今各民族保存最完好的多样性文化与宗教。英国博物学家金敦·沃德（第一个提出三江并流的人）在描述这一区域时称它为"亚洲最迷人的区域，拥有最丰富的高山花卉、众多的野生动物、奇特的民族、复杂的地形构造。"这里也是詹姆斯·希尔顿（James Hilton）在《消失的地平线》中描述的人间天堂"香巴拉"所在地。居住着藏族、门巴族、珞巴族、独龙族、傈僳族、纳西族、怒族、白族、德昂族、普米族、彝族、羌族等28个民族。生活在这一区域的大多数民族都有其独特的植物应用文化，还有很多对杜鹃等植物的独特认知及悠久的杜鹃应用历史，例如作者在雨季进入独龙江考察时因连绵不断的雨水而无法生火做饭，所请独龙族向导却知道哪一种活体植物能够点燃，虽然当地年降水量在3 000mm以上，但他们知道一些种类的杜鹃活体茎干含水量极低，很易点燃，如果没有当地独龙族向导的带领，在一些无人区我们依靠自身的知识要生存下去是很艰难的。

外地人到这些地区研究或旅游时，因这一区域少数民族语言的多样性，进行沟通会有一定困难，有时您所表述、想要打听的植物和他们理解的往往不是同一物种，也许翻山越岭数小时看到的不是您要找的植物。在寻找杜鹃等植物时了解一些当地的基本的称呼有时候是很有帮助的，如：杜鹃一词各民族称呼就不一样，但这些称呼还是有一定的规律可循，这一区域民族语言大多为汉藏语系的不同语支，但有时同一民族内由于地理及长期分隔等原因也在不同区域内发音有所差异。

例如：公元8世纪中叶成书的藏药本草著作《度母本草》对杜鹃中的高山杜鹃亚组的一些种有过翔实的记载，藏文中称杜鹃不同的种为苏纳（光亮杜鹃 *R.nitidulum*）、苏嘎和帕普（头花杜鹃 *R.copitatum*）等；书中对种的分布环境，枝、叶、花、果特征；药用疗效都有详细描述。

བདུད་རྩི་ཤེལ།

བདུད་རྩི་ཤེལ་ཞེས་བྱ་གཱནུ་སུ་སྟར་དག་ཤེས་བ་ཡིན། ཁྲིག་བཞིའི་མཚོ་དག་ལ་འམ་ཤིང་། སྐྱིག་པོ་དགར་ལ་མ་སྐྱེ། ཁྱི་ཤོ་བར་ཏ་ནུ་ནག་ལ་གནས། ཕི་ཤི་ཨང་ཏ་ས་ལ་ཡིན། དང་བཞིན་ནོ་ཟེམས་ཟུས་ནི། ནི། ཁྱེ་སཞིན་དགག་སྐུན་འག་ཐག་ས་དུ། ར་ཚུ་དུ་སི་ཟི་སི་ཡི་ཟེ་ནུ་རུ་དུ།

ན་ག་སྐྱར་བདངས། ཁྲིག་ཤེད་རིམས་དང་ནད་གསོ་བའི་ནུས། ཚ་བ་སྐྱེད་པ་ལ་སྒྲུབ་ཤེས་སོ། དང་ཤིག་བདུན་པ་སྐུན་གྱི་མཚོན། སྒྲུང་འདུས་གསམ་ལ་འདི་ཤིག་དགོས། ཁ་ཡི་སྐྲུ་སྟོལ་བརྟེན་ཟི་ལིང་། ཁྲུ་ཆེན་ཚོགས་བའི་བདུད་རྩི་ཡིན།

而西藏芒康一带藏族把一种蓝色杜鹃称绒布拔牛（rong-bu-ba-niu）；云南香格里拉藏语把杜鹃统称搭则（da-ze）（藏语属汉藏语系藏缅语族藏语支，又有卫藏、康、安多三种方言。不同方言间发音有所差异）。

纳西族话对杜鹃不同的种的称呼（依据洛克注音）：把腋花杜鹃 *R. racemosum* 叫 A-dzi-gkodzi-dzi。把大白花杜鹃 *R. decorum* 叫 mun。把腺房杜鹃 *R. adenogynum* 叫 mun-loa ndzer。红棕杜鹃 *R. rubiginosum* 和亮鳞杜鹃 *R. heliolepis* 都叫 shwua-nder。把大白花杜鹃 *R. decorum* 的一种变异类型黑杜鹃叫 mun-na。可以看出纳西族在很早以前就已经区别出了大白花杜鹃 *R. decorum* 的种内变异（纳西族的纳西语属汉藏语系藏缅语族彝语支）。

藏族和纳西族都把他们药用的一种杜鹃称小叶杜鹃，洛克认为是腋花杜鹃 *R. racemosum*。

《度母本草》的中译者认为是［光壳（亮）杜鹃 *R. nitidulum*］。

彝族说的彝语属汉藏语系藏缅语族彝语支，但它因地区不同又有6种方言。彝族把杜鹃花叫me-vi-phu li（国际音标）、云南石林县彝族支系撒尼人把杜鹃花叫美里鲁（汉语拼音mei-li-lu），至滇南蒙自一带把大白花杜鹃 *R. decorum* 叫比图拉墨（汉语拼音bi-tu-la- mo），开远一带叫维玲索博燃（汉语拼音wei-long-suo-bo-ran）。

针叶林的高山灌木过渡带

滇中地区杜鹃生长的生境

滇西北山地早春自然景观

滇西北山地早春自然景观，海拔 4 000m 以上杜鹃生长的生境

滇西北天然林下生境（高山森林）

滇西北天然林下生境（森林与溪流）

梅里雪山森林植被

针叶林与高山牧场

冰川雨林

20 余米高的云南沙棘 *Hippophae rhamnoides* subsp. *yunnanensis*。梅里神山雨崩村旁圣林中生长的胡颓子科 Elaeagnaceae
沙棘属，我们常见的是小灌木或小乔木，在这里却是呈 20 余米高的参天大树

香格里拉常绿与落叶混交林（秋季）

香格里拉常绿与落叶混交林（春季）

大理地区白族话把红色的杜鹃叫拆抖活（chai-douhuo）、黄色的杜鹃叫黄抖活（huang-douhuo）、白杜鹃叫白抖活（bai-douhuo）、乔木状大杜鹃叫大抖活（da-douhuo）、灌木状小杜鹃叫晒抖活（shai-douhuo）（白族白语属汉藏语系藏缅语族彝语支，白族自古以来使用汉字，其语言与汉语发音不同，即"汉话白说"）。

傈僳族话把杜鹃花叫洛克夏（luo-kexia）。

横断山境内江河纵横、湖泊星罗棋布。河流分别属于独龙江（流入缅甸后称伊洛瓦底江 Irrawaddy River 的上游东源恩梅开江 Nmai Hka，属印度洋水系）、怒江（怒江上游在西藏称那曲河，云南称怒江或潞江，流入缅甸称萨尔温江 Salween River，注入印度洋的安达曼海）、澜沧江（在中国称澜沧江，

流入缅甸、老挝、泰国、柬埔寨、越南后称湄公河 Mekong River，注入南海）。金沙江（长江 Yangtze River 上游）注入东海；帕隆藏布及注入的易贡藏布（雅鲁藏布支流。雅鲁藏布进入印度后称布拉马普特拉河 Brahmaputra，流入孟加拉国后与恒河相汇注入孟加拉湾）等水系。这些河流分别注入南中国海和印度洋，多数在横断山境内具有落差大、水流湍急的特点。除江河外，高原湖泊星罗棋布，著名的有洱海、泸沽湖、然乌湖、碧塔海等，这些湖泊、江河把群山点缀得格外瑰丽晶莹而具灵性。

横断山虽然地处祖国西南边陲，历史上交通不便。但是其地处人类迁移的大通道上，又是我国南方丝绸之路及茶马古道必经的通道；多种宗教、文化的聚集地，少数民族众多，其中许多地区有崇拜

高山草甸牧场

乔木杜鹃与针叶林

纳帕海湿地

山间盆地：坝子

洱海湿地

湿地与寺庙（松赞林寺）

季节性湖泊（纳帕海）与湿地

灵犀湖

灵犀湖

灵犀湖

属都湖

碧沽天池

洱海

高山牧场

横断山藏族民居

流石滩附近灌木丛

退化的牧场

林缘水潭

横断山地区教堂［茨中教堂里上百年的丹桂、桉树，原有一株中国引进最早的油橄榄，并称教堂三古树。前些年油橄榄树已死亡。
茨中教堂（教堂的建筑风格是中西合璧，与我们看到的，例如北京王府井教堂等完全西方化了的不同）有从欧洲引种到中国最早
的油橄榄、栽培的葡萄品种及与中国传统蒸馏法不同的葡萄酒发酵酿造制作的方法］

地边野生杜鹃（马缨花）

横断山地区农田

优质的牧场

横断山纳西族自然村落与民居

澜沧江边村子

横断山纳西族民居

横断山白族民居

横断山白族自然村落与民居

自然物（山、水、植物、动物）的习俗，认为万物有灵。至今在植物保护最好的地方往往是这些自然圣境所在之地，例如：神山、圣林、寺院林、水源林等。各民族有爱花护花的传统，有各自的花文化习俗、植物图腾、花卉节、花街等，其历史悠久，文化积淀丰厚，孕育了灿烂的花文化；例如：早在唐（南诏国时期，公元899年）就绘制了我国第一幅有云南山茶花的《南诏图卷》，遗憾的是此图卷流失于日本，现藏于京都有邻馆。在李时珍的《本草纲目》140多年之前，云南嵩明人兰茂（1397—1476）编写了《滇南本草》……

横断山各民族从观赏植物的引种驯化到园艺技艺也极其高超，最具代表性的就是现在还可以看到的丽江玉峰寺的"万朵茶"。几代喇嘛依据所在地的小气候、环境，结合云南山茶花 *Camellia reticulata* cv. 的生长习性等所进行的造型，堪称园艺界的登峰造极之作。遗憾的是近年来由于旅游业的发展，原来茶花生长的小庭院不能满足需要而将一面围墙外移，破坏了原来的小环境而影响到其生长。

在横断山，佛教寺院（藏传佛教寺院、汉传佛教寺院、小乘佛教寺院等）、道观、教堂等虽然历经战乱、改朝换代、"文化大革命"等，但寺院中植物少有破坏。许多经过引种驯化的植物在这里躲过了人祸。

生活在横断山这片土地上的人们，不论是原土著居民还是迁移者，不论达官贵人还是寻常百姓，无不受到这里自然景观与花文化的熏陶。历史上，不论贵族庭院还是农家小院，都遍植观赏植物。例如：林则徐在任云贵总督期间，曾邀约同僚保绍庭刺史等人到昆明官渡区小板桥镇塔密左的万寿寺观赏云南山茶花并撰写了56句的七言长诗。西藏、云南、四川历史上有名的皇家园林（吐蕃、南诏、大理国等时期）、土司府花园、官家园林、私家花园不计其数，多有野生植物引种驯化。

丽江玉峰寺的"万朵茶"

林则徐七言长诗。书法：曾德贤

时至今日城市化的进程使普通百姓住进了高楼大厦，但人们爱花种花的兴趣不减，盆栽杜鹃及球根花卉、"多肉"植物（景天等科植物）等依然畅销。

四、最吸引植物学家研究、采集的地方

横断山脉、喜马拉雅山脉是备受欧、美、日等各国植物学界关注的热点地区，西方文艺复兴及工业革命之后，就已对这一区域植物资源进行了收集、研究。例如：约瑟夫·道尔顿·虎克（Joseph Dalton Hooker 1817—1911）就到喜马拉雅地区采集了杜鹃花，并在1849年出版了植物彩绘本 The Rhododendrons of Sikkim-Himalaya。特别是在19世纪末和20世纪初，英国、美国、法国、德国、瑞典等国的植物学家、博物学家、传教士等到横断山考察，采集了数以万计的

植物种子、植株、标本，但所采集的标本几乎被全部带走，保存在各国的标本馆中，其中许多后来成为该种植物的模式标本。他们依据这些标本发表了大量的新科、新属、新种；从《中国植物志》等上可看出横断山的大部分植物物种均是外国人在这一时期采集、定名的。他们在我国所采集的标本和文献资料分散于世界各地，这给我国的植物学研究带来了很大的困难。所采集的植物种子、植株同时也美化了西方的园林。世界著名植物学家、园艺学家亨利·威尔逊（Henry Wilson 1876—1930）在1929年重版1913年他的专著《一个博物学家在华西》（A Naturalist in Western China）时就把其易名为《中国：园林之母》（China, Mother of Gardens），可见中国西部地区分布的植物对世界园艺贡献之大。

虽然我国在观赏植物的研究与应用上早于西方

大理花农在市场贩卖花卉

老宅前的兰花

（西汉年间的《神农本草经》已记载了羊踯躅等杜鹃，唐宋时期杜鹃已经普遍栽培，明弘治年间（1505）的《御用本草品汇精要》一书已有精美的植物彩绘图，明代撰写的《大理府志》已记载了培育出的杜鹃品种……但应用现代植物学手段对横断山植物资源（含观赏植物）进行调查或采集则较晚，始于1919年钟观光（1868—1940）（在现代植物分类中，木兰科植物的观光木属 Tsoongiodendron，就是以他的名字命名的）由朱采臣资助到横断山的考察、采集植物起（1919年8月，钟观光经滇越路到达云南昆明。对昆明太华山植物资源进行了调查、采集，后经禄丰、楚雄等到达大理点苍山、宾川鸡足山、漾濞等地考察、采集植物）。20世纪30年代胡先骕、秦仁昌等在庐山植物园建立了杜鹃专类园进行杜鹃的采集与研究。高山杜鹃种类中我国植物学家在横断山采集标本最多的时期是20世纪30～40年代由胡先骕组织，俞德浚、王启无、蔡希陶、秦仁昌和冯国楣等人参与的采集工作，共采集到植物标本近10万号，大多存放于国内，中国科学院昆明植物所标本馆保存的许多标本就是那一时期采集的。历史上有过我国植物学界在这一区域的四大采集家：蔡希陶（1911—1981）仅1932—1934年就采集标本21 000多号（含新种247种）；俞德浚（1908—1986）1932—1938年在横断山及周围采集植物标本2万余号；王启无（1913—1987）在云南各地采集标本9 600余号；冯国楣（1917—2007）自1938年庐山植物园迁入云南丽江后，在云南工作60余年，采集标本10万余份、数万余号。其他老一辈植物学家，如胡先骕、陈封怀、郑万钧、秦仁昌、汪发缵、唐进、吴征镒、匡可任等在横断山也进行了相关的植物标本采集。

我国著名植物学家秦仁昌（1898—1986）教授在对我国的野生观赏植物资源进行调查研究后，20世纪30年代在《西南边疆》上撰文介绍了"中国三大名花"（杜鹃、报春、龙胆）。20世纪60年代植物学家冯国楣研究员依据云南花卉资源的种类、特色提出了具有云南花卉代表性的"八大名花"，即云南山茶、杜鹃、木兰、报春、龙胆、绿绒蒿、兰花、百合。并在《云南日报》上发表了《云南名花何其多》，组织专业人员宣传"云南八大名花"。使"云南八大名花"逐渐为人们所认知。至今一直被园艺界所采用与认可。"云南八大名花"中的杜鹃花被大理市确定为大理市市花、云南山茶花被昆明市确定为昆明市市花

俞德浚1938年率队进独龙江考察（昆明植物研究所提供资料，左1俞德浚，左4邱炳云）

俞德浚 1938 年采集的腺房杜鹃 *R. adenogynum* 标本   俞德浚 1937 年采集的红棕杜鹃 *R. rubiginosum* 标本

冯国楣（1917—2007）1940 年在标本室整理标本
（中国科学院昆明植物研究所提供资料）

王启无（右 3）1938 年与云南农林研究所（中国科学院昆明植物研究所前身）
同事合影于昆明黑龙潭黑龙官前（云南农林研究所原址）（中国科学院昆
明植物研究所提供资料）

等，但是"云南八大名花"中的许多种类，例如绿绒
蒿、龙胆、野生百合、大部分高山杜鹃等，由于国内
少有开发，且藏于深山，多不为人们所熟知。

中国分布最多、被国内外公认最有名的许多花
卉也是大多数中国人自己了解认识不多的花卉，其中
诸如杜鹃花中的高山杜鹃（踯躅鹃类、耐寒杜鹃）

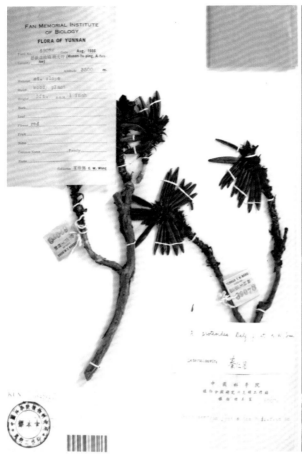

王启无1935年采集的矮生杜鹃 *R. proteoides* 标本　　蔡希陶（1911—1981）（中国科学院昆明植物研究所提供资料）

Rhododendrons 反而不如对从国外引进的杜鹃类鹃Azaleas 栽培品种了解得多（清道光年间的《桐桥倚棹录》成书于1860年左右，已提到洋鹃）。很多我国野生杜鹃研究内容反而要去查国外的资料；例如世界上最高的杜鹃——大树杜鹃 *Rhododendron protistum* var. *giganteum* ［学名依据傅礼士（乔治·傅雷斯特 George Forrest 的中文名字）在横断山脉的高黎贡山腾冲段采集的标本及英国采用种子播种繁殖植株等定名，最早确定为一个独立的种 *Rhododendron giganteum*，后来按照 Chamberlain 1979的分类降级作为翘首杜鹃的变种］，被英国人傅礼士在腾冲的横断山脉高黎贡山段发现，并把其中一株干径65cm 的杜鹃圆盘状标本带回英国。傅礼士1904年5月从英国出发，8月抵达大理之后，前后7次在云南、西藏、四川（主要在横断山区域，在第4和第5次到中国，也就是1919—1923年间是他采集杜鹃种最多的时期）等地采集31 000余份标本，计6 000多种植物，包含杜鹃250余种。其中的大树杜鹃，研究植物的中国人一直没有找到，后在冯国楣研究员等人3次数年调查，才在62年后（1981）在云南腾冲界头乡大塘村高

黎贡山中找到大树杜鹃活体植株。之后又在横断山脉、喜马拉雅山脉多处发现大树杜鹃。

新中国成立后，我国植物学及观赏园艺的研究有了很大的发展。中国科学院在之前的基础上成立了中国科学院植物研究所、中国科学院昆明植物研究所、中国科学院庐山植物园、中国科学院西双版纳热带植物园、中国科学院植物研究所华西亚高山植物园等研究院所，以及其他国内众多的植物所、植物园、大专院校、林业科学院、农业科学院等单位，并对我国横断山脉植物进行了形式多样的考察与研究，使得对杜鹃等观赏植物的引种驯化、栽培品种的培育提升到一个新的高度（至今中国科学院昆明植物研究所、云南农业科学院、云南农业大学等单位及个人已培育出了杜鹃新品种100余个）。

对野生植物资源考察、采集较为多的是20世纪70～80年代进行的各种大规模的科学考察。其中采集较多杜鹃等标本的是中国科学院昆明植物研究所的冯国楣、武素功、杨增宏等人及四川大学、中国科学院植物研究所华西亚高山植物园、庐山植物园等。

傅礼士（乔治·傅雷斯特 George Forrest）带回英国的大树杜鹃 *Rhododendron protistum* var. *giganteum* 茎横切面实物照片（英国实物注：the slice of tree trunk-just over 65cm at its widest point）（中央电视台《花开中国——杜鹃花集》提供照片）

在众多调查及研究的基础上，至1994、1999年出版了《中国植物志》杜鹃花科的第五十七卷第二分册和第五十七卷第一分册；2005年英文修订版第十四卷 *Flora of China* 的出版使中国杜鹃花资源的研究上了一个新台阶。

近年来对青藏高原（含喜马拉雅、横断山地区）的科考更是取得了很多成果。这一地区环境复杂，山高谷深，气候多变，植物多样性分化强烈，而杜鹃花属的高山杜鹃大部分种集中于此。其中许多种杜鹃对气候变化极为敏感，历史资料已不能完全科学地反映这里的物种变化和现状。新的物种不断被发现，分布的海拔高度、自然生态环境也在变化。本书将展现近年来在横断山部分地区杜鹃的景观，供读者与历史上的景观对比。

杜鹃花虽然大部分分布在中国及其周边国家，但活体植株的迁地保存比起发达国家来是相对比较少的。大多数人也没有机会到深山老林中去观赏这些美丽的野生杜鹃。书将以实物照片的方式分属、亚属、组、亚组、种等展现给大家。由于研究的深入，一些属、种的归并、植物分类上的调整等对非专业人员而言就有一定困难，各人手中资料可能不一，所以本书在亚属、组、亚组、种中文名、学名等有一个以上名称来源时注明在主要中文植物著作中的出处，以供相关人员及爱好者参考、查阅。谬误之处在所难免，只求能抛砖引玉，有更多的国人能够参与到对杜鹃的研究、保护中。不足之处恭请指正。

冯国楣研究员等人 20 世纪 80 年代在苍山考察杜鹃（冯宝钧提供）

《中国植物志》第五十七卷第一分册（杜鹃卷）作者之一方瑞征研究员 1980 年在滇西北考察。地点：德钦县飞来寺。人物面前的是云南杜鹃 *R. yunnanense*、背景是梅里雪山（方瑞征提供）

第二章

杜鹃花属
Rhododendron 资源

01 历史及分类简介

一、植物学分类

我们所说的杜鹃是指杜鹃花科 Ericaceae 中杜鹃花属 Rhododendron 的植物。杜鹃花科为双子叶植物，全球约127属，我国有其中的22属。杜鹃花科在我国的主要属有杜鹃花属 Rhododendron、吊钟花属 Enkianthus、南烛属 Lyonia 等，科内植株高矮差异较大，但大多都有美丽的花朵。例如：岩须（锦绦花）属 Cassiope 中的锦绦花 C. selaginoide 虽仅高数厘米，但也有着钟状的美丽小花。

其中的杜鹃花属 Genus Rhododendron 为世界著名的观赏植物，为灌木、亚灌木或乔木。

杜鹃花属最早由林奈在1753年的《植物种志》中提出，同时提出的还有 Azalea 属，之后至1834年 G.

生长在白茫雪山海拔 4 300m 处的杜鹃花科岩须属（锦绦花属）岩须（锦绦花）Cassiope selaginoide

杜鹃花科马醉木属美丽马醉木 *Pieris formosa*

杜鹃花科马醉木属美丽马醉木 *Pieris formosa*

杜鹃花科珍珠花属珍珠花 *Lyonia ovalifolia*

杜鹃花科越橘亚科越橘属乌鸦果 *Vaccinium fragile*

杜鹃花科越橘亚科树萝卜属长圆叶树萝卜 *Agapetes oblonga*

杜鹃花科珍珠花属珍珠花 *Lyonia ovalifolia*

Don 将 *Azalea* 并入杜鹃花属 Genus *Rhododendron* 中。

此属至今被植物学家确认的野生种（自然种）已超过1 000个。在中国有近600种，约占世界该属植物的一半以上［至1930年由 J. B. Steven 主编的《杜鹃花种志》（*The Species of Rhododendron*）收录了世界杜鹃的850种］。1930年 I. B. Balfour 在属下把其分为43个系。1949年 H. Sleumer 出版的《杜鹃花种志》将属下分为亚属、组、亚组。

横断山是我国此属野生种（自然种）分布最多的区域，野生种占全国的一半以上，有300余种；中国西南部，即地史上的"康滇古陆"是杜鹃的起源中心，横断山是该属植物的分布、分化中心之一。横断山分布有317种杜鹃，其中210种为本地区特有种，占中国杜鹃花属物种数的50%以上。

杜鹃花属中数量最多的亚属之一——常绿杜鹃亚属Subgenus *Hymenanthes* 中的种主要分布在中国（全球270余种，在中国有近260种）。另外一个大的亚属——杜鹃亚属（有鳞杜鹃亚属）Subgenus *Rhododendron* 在全球约516种中我国有184种（《中国植物志》中文版收录174种），其中114种为我国特有，在其中的杜鹃花组 Section *Rhododendron* 的约200个种中中国有约160个。在此亚属中越橘杜鹃组 Section *Vireya* 的300余种中我国则很少，仅云南等地有9种；它们主要分布在另一个杜鹃分布中心：马来群岛至伊利安岛的热带山区［分布最多的国家及区域是新几内亚、巴布亚新几内亚及加里曼丹岛（印度尼西亚、马来西亚、文莱）］。而杜鹃花属的种在澳大利亚仅1种、欧洲9种、北美洲24种。虽然我国杜鹃种最多，但其中大多数种的种群、植株数量少，其中一些种适生生境狭窄，因气候、环境条件、人为因素及历史原因等，将会导致快速丧失、消亡（例如：羊踯躅20世纪在云南曾经发现有野生种，至今一直没有找到）。

在杜鹃花属的植物学分类上由于该属中种间自然杂交等原因导致不同一些种间形态界限模糊，物种的准确鉴定非常困难，被认为是最困难的分类类群之一。随着对杜鹃研究的深入，细胞学、分子生物学、化学等资料的补充，及形态研究手段的改进，其分类也在进一步的调整中，所以在看不同年代、不同人的著作中，可能采用了不同的分类系统。在研究杜鹃分类中较有影响的如：戴维·张伯伦（David Chamberlain）采用的分类将杜鹃花属 *Rhododendron* 下划分为8个亚属：

1. 马银花亚属 Subgenus *Azaleastrum* Planchon

2. 异蕊杜鹃亚属 Subgenus *Candidastrum* Franch

3. 无鳞杜鹃亚属（常绿杜鹃亚属）Subgenus *Hymenanthes*（Blume.）K. Koch

4. 纯白杜鹃亚属 Subgenus *Mumeazalea*（Makino）W. R. Philipson & M. N. Philipson

5. 羊踯躅亚属 Subgenus *Pentanthera*（G. Don）

6. 有鳞杜鹃亚属（杜鹃亚属）Subgenus *Rhododendron*

7. 叶状苞杜鹃亚属 Subgenus *Therorhodion*（Maxim）A. Gray。《中国植物志》、*Flora of China* 将此属归在杜鹃亚属 Subgenus *Rhododendron* 下。

8. 映山红亚属 Subgenus *Tsutsusi*（Sweet）Pojarkova 属、亚属下再分为11个组59个亚组。

再如：詹姆斯·库伦（James Cullen）《耐寒杜鹃花鉴定指南》（*Hardy Rhododendron Species：A Guide to Identification*）将杜鹃花属*Rhododendron*下划分为8个亚属：

1. 无鳞杜鹃亚属（常绿杜鹃亚属）Subgenus *Hymenanthes*（Bl.）K. Koch

2. 有鳞杜鹃亚属（杜鹃亚属）Subgenus *Rhododendron*

3. 马银花亚属 Subgenus *Azaleastrum* Planchon

4. 映山红亚属 Subgenus *Tsutsusi*（Sweet）Pojarkova

5. 羊踯躅亚属 Subgenus *Pentanthera* G.Don

6. 叶状苞杜鹃亚属 Subgenus *Therorhodion*（Maxim）A. Gray

7. 异蕊杜鹃亚属 Subgenus *Candidastrum*（Sleumer）Philpson（Albiflarum series）

8. 纯白杜鹃亚属Subgenus *Mumeazalea*（Makino）Philipson and Philipson

《中国植物志》中文版第五十七卷一、二分册（1994、1999）收录了杜鹃花属542种，*Flora of China* 英文修订版（vol. 14，2005）收录了杜鹃花属571种、其中我国特有种400余种，并将中国的杜鹃花属分为9个亚属：

1. 常绿杜鹃亚属（无鳞杜鹃亚属）Subgenus *Hymenanthes*（Bl.）K. Koch

2. 杜鹃亚属（有鳞杜鹃亚属）Subgenus *Rhododendron*

3. 马银花亚属 Subgenus *Azaleastrum* Planchon

4. 映山红亚属 Subgenus *Tsutsusi*（Sweet）Pojarkova

5. 羊踯躅亚属 Subgenus *Pentanthera* G. Don

6. 叶状苞杜鹃亚属 Subgenus *Therorhodion*（Maxim）A. Gray

7. 毛枝杜鹃亚属 Subgenus *Rseudazalea* Sleurper

8. 糙叶杜鹃亚属 Subgenus *Pseudorhodorastrum* Sleurper

9. 迎红杜鹃亚属 Subgenus *Rhodorastrum*（Blume）K. Koch

农贸市场正待出售的食用杜鹃花

经过漂洗后的花瓣

大白花杜鹃作蔬菜

杜鹃枝、叶用于祭祀

藏区出售祭祀用的杜鹃叶面颜色、叶背绒毛

干燥后杜鹃枝、叶用于祭祀

祭祀用的杜鹃采集

云锦杜鹃 *R. fortunei*

9个亚属下又分个12组59个亚组：

1.常绿杜鹃亚属（无鳞杜鹃亚属）Subgenus *Hymenanthes*（Bl.）K. Koch 含1组24亚组，约270种，我国有259种（《中国植物志》记载251种），其中192种为我国特有。

此亚属中的一些种横断山区民间常作蔬菜食用，例如：大白花杜鹃 *Rhododendron decorum*；此属中云锦杜鹃亚组 Subsection *Fortunea* Sleumer 的云锦杜鹃 *R. fortunei* 是国外从中国引种最早的高山杜鹃之一。

2.杜鹃亚属（有鳞杜鹃亚属）Subgenus *Rhododendron* 含3组34亚组，约516种。其中的一些种（如密枝杜鹃 *R. fastigiatum*）枝、叶含芳香油，在藏区常把其中的一些种用作为祭祀时燃烧等用。

杜鹃枝、叶用于祭祀等

杜鹃花组（有鳞杜鹃组）Section *Rhododendron* 有鳞大花亚组 Subsection *Maddenia* 中的大喇叭杜鹃 *R. excellens* 是花型中单花较大的种之一

红马银花 *R. vialii*

红马银花 R. vialii

滇南杜鹃 R. hancockii

滇南杜鹃 R. hancockii 植株

长蕊杜鹃 R. stamineum

毛果长蕊杜鹃 R. stamineum var. lasiocarpum

3. 马银花亚属 Subgenus *Azaleastrum* Planchon 含2组，约28种，我国26种（《中国植物志》收录了22种），其中18种为我国特有。

在马银花组 Section *Azaleastrum* 中有花型较为特殊的红马银花 R. vialii；在长蕊组 Section *Choniastrum* 中的滇南杜鹃 R. hancockii 是花较为密集的种之一；长蕊杜鹃 R. stamineum 和毛果长蕊杜鹃 R.stamineum

var. *lasiocarpum* 是国内杜鹃中雄蕊长度超过花冠很多的种之一。

4. 映山红亚属 Subgenus *Tsutsusi*（Sweet）Pojarkova含2组，我国81种（《中国植物志》收录了74种），其中75种为我国特有。

5. 羊踯躅亚属 Subgenus *Pentanthera* G. Don 含4组，约20种，我国有2组2种（《中国植物志》收录了

1种）。此属中的羊踯躅因其含有对人、畜有毒的成分，我国许多医药典籍中都记载了其药用价值。

6. 叶状苞杜鹃亚属 Subgenus *Therorhodion*（《中国植物志》记载1种）分布于长白山，横断山未发现此亚属野生种。

7. 毛枝杜鹃亚属 Subgenus *Rseudazalea* Sleurper（《中国植物志》收录了6种）。

8. 糙叶杜鹃亚属 Subgenus *Pseudorhodorastrum* Sleurper（《中国植物志》收录了10种）。

9. 迎红杜鹃亚属 Subgenus *Rhodorastrum*（Blume）K. Koch（《中国植物志》收录了2种）。本书中杜鹃组（有鳞杜鹃组）Section *Rhododendron* 中的部分种在《中国植物志》上为 Subsection *Rhodorastra* 迎红杜鹃亚组（《中国植物志》为迎红杜鹃亚属）。

各分类体系都在亚属下又分组、亚组、种、亚种、变种。从属下亚属、组、亚组、种、亚种、变种各分类系统都按自己的分类观点将杜鹃的某些形态特征等建立亚属、组、亚组。其中选择的主要特征有：

（1）鳞片：它可能有鳞或无鳞，在有鳞片的种中，鳞片可能分布在枝、叶、花（花冠、花萼、花梗）上，其密集程度、形状（鳞周缘波形、无齿、撕裂状和鳞边缘向上褶状、鳞片上囊状物）等都是选择区分种的依据。如：杜鹃亚属（有鳞杜鹃亚属）Subgenus *Rhododendron*、迎红杜鹃亚属 Subgenus *Rhodorastrum*）、毛枝杜鹃亚属 Subgenus *Rseudazalea* 都是有鳞的杜鹃；而糙叶杜鹃亚属 Subgenus *Pseudorhodorastrum* 个别的种中也有鳞。

（2）毛被：有无毛及毛的特征也是分类学家选择的性状，毛被主要分布在叶（特别是叶背）、花萼、子房等上，但有的种在生育过程的某些时期可能会脱落。毛被层数、形状（杯毛、棉毛、绒毛、星毛、刚毛、黏毛等）、色泽、着生角度（直立、匍匐、斜披）等都是比对的依据。如：常绿杜鹃亚属（无鳞杜鹃亚属）Subgenus *Hymenanthes* 中被毛的如：银叶杜鹃亚组 Subsection *Argyrophylla*、杯毛杜鹃亚组 Subsection *Falconera*、镰果杜鹃亚组 Subsection *Fulva*、大叶杜鹃亚组 Subsection *Grandia*、大理杜鹃亚组 Subsection *Taliensia* 等。

（3）蜜腺：蜜腺一般在花朵内基部，为一囊状结构，其分泌出的蜜露是许多昆虫喜好的。常绿杜鹃亚属（无鳞杜鹃亚属）Subgenus *Hymenanthes* 中的树形杜鹃亚组 Subsection *Arborea*、露珠杜鹃亚组 Subsection *Irrorata*、蜜腺杜鹃亚组 Subsection *Thomsonia* 等都具蜜腺。

（4）其他：如植株，叶质地、大小、落叶性，花序、花梗、花萼、花冠、雌雄蕊，果实，种子等也是区分各个种的依据。

二、园艺学分类

园艺发达国家从世界各地收集了丰富的杜鹃自然种种质资源，特别是自18、19世纪以来从我国云南、四川、西藏等地采集了大量的高山杜鹃（踯躅鹃类、耐寒杜鹃）Rhododendrons 种子、标本等进行繁殖、分类等研究与品种的培育，至今已培育出了数以万计的园艺品种，目前在中国花卉市场、城市、公园、庭园见到的商品杜鹃几乎都是外来的或带有中国血统由发达国家培育的杜鹃园艺品种。过去中国做杜鹃育种的可谓凤毛麟角，近年来这一现象正有所改善，有自己知识产权的品种越来越多。

杜鹃园艺学的分类与植物学分类有区别，园艺学的分类常依据其生长习性、植物学特性、杂交可育性、来源等应用方便的性状及来源来划分；除野生种（原种 Species）外，大多数园艺品种（Cultivar）都是经过对野生种（原种 Species）人工选育、杂交等手段培育而得。在种下又分为品种（Cultivar）、品系（Strain）。许多发达国家、协会、园艺爱好者把杜鹃种、品种分为三大类（德国人 A. Seith-Vonff、新西兰人 J. Hedegaard 等依据杜鹃叶片上的毛被、鳞片、种子上的附属物等性状将杜鹃花属分为三大类）：Rhododendrons 高山杜鹃（耐寒杜鹃、踯躅鹃类）、Azaleas 杜鹃类鹃、Vireyas 越橘类鹃（长尾种子类鹃）。

高山杜鹃（耐寒杜鹃、踯躅鹃类）Rhododendrons 和杜鹃类鹃 Azaleas 的区别与早期林奈在《植物种志》中根据5枚雄蕊和10枚雄蕊把现今的杜鹃花属 *Rhododendron* 分成 *Rhododendron* 和 *Azalea* 2个属有些相似之处（见中国林业出版社出版的《杜鹃花 Azaleas》）。

在杜鹃花属 *Rhododendron* 的栽培中，从高山杜鹃（耐寒杜鹃、踯躅鹃类）Rhododendrons 和杜鹃类

Azaleas 在外观上相对容易区别，杜鹃类 Azaleas 大多数为5枚雄蕊，多为落叶灌木，叶多为纸质、不具有鳞片而有毛；高山杜鹃（耐寒杜鹃、踯躅鹃类）Rhododendrons 大多数为10枚及以上雄蕊，多为常绿，叶多为革质、有鳞片。在品种的培育中过去以上两类杜鹃通常很难相互杂交成功。

从种子形态来看，常绿杜鹃亚属（无鳞杜鹃亚属）Subgenus Hymenanthes、落叶杜鹃等类型其种子边缘有膜状附属物。有鳞杜鹃亚属（杜鹃亚属）Subgenus Rhododendron 和马银花亚属 Subgenus Azaleastrum（长蕊组 Section Choniastrum）种子边缘无附属物。有鳞杜鹃亚属（杜鹃亚属）Subgenus Rhododendron 越橘杜鹃（长尾种子）组 Section Vireya 种子两端有长尾状附属物。

1.高山杜鹃（耐寒杜鹃、踯躅鹃类）Rhododendrons 类

包含植物分类中杜鹃花属 Rhododendron 中除映山红亚属 Subgenus Tsutsusi 和羊踯躅亚属 Subgenus Pentanthera 外的无鳞杜鹃亚属（常绿杜鹃亚属）、有鳞杜鹃亚属（杜鹃亚属）等其他亚属（无鳞杜鹃亚属（常绿杜鹃亚属）Subgenus Hymenanthes、有鳞杜鹃亚属（杜鹃亚属）Subgenus Rhododendron、马银花亚属 Subgenus Azaleastrum、叶状苞杜鹃亚属 Subgenus Therorhodion、异蕊杜鹃亚属 Subgenus Candidastrum、纯白杜鹃亚属 Subgenus Mumeazalea 的大多数种及其种间杂交品种等（世界各国已培育出5 000余个相关的栽培品种）。

大多数 Rhododendrons 的种、品种叶片为革质。有10枚或更多的雄蕊，美籍华人园艺学家沈荫椿先生在查阅了大量史料后把 Rhododendrons 这一类鹃的中文名称为踯躅鹃类。这里踯躅指的并不是植物分类和园艺分类中 Azaleas 类中羊踯躅亚属 Subgenus Pentanthera 中的种。Rhododendrons 也不是植物分类中的杜鹃花属 Rhododendron 的所有种。这一类是国内一些园艺工作者习惯上称的高山杜鹃。这一类在云南等地一直以来在庭院中就常把原种移植或播种栽培，如马缨花 R. delavayi、露珠杜鹃 R. irroratum 等。这一类的野生种也是横断山最为丰富的。园艺品种如国外最早从我国采集的云锦杜鹃 R. fartunei、圆叶杜鹃等

Rhododendrons 类园艺品种

Rhododendrons 类园艺品种

资源进行杂交的品种。这一类鹃国外园艺学家按其花朵的大小又分为大花型6cm以上、中花型4～5cm、小花型3cm以下等类型。

2. 杜鹃类鹃 Azaleas 类

大多数 Azaleas 叶片较 Rhododendrons 类薄，多为落叶、半常绿及5枚雄蕊。园艺分类学上 Azaleas 包含了植物分类学上映山红亚属 Subgenus *Tsutsusi* 和羊踯躅亚属 Subgenus *Pentanthera* 的种类及其杂交品种。沈荫椿先生在其出版的专著《杜鹃花 Azaleas》中把这一类中文名称为杜鹃（世界各国已培育出25 000余个栽培品种）。

这一类杜鹃中有我国原产的如：映山红 *R. simsii*，

及培育的品种，如'彩纹杜鹃''紫灯笼''紫艳'等。有日本原产及引进的，如日本杜鹃 *R. japonicum*，皋月系（Satsuki）（可能具 *R. indicum*、*R. eriocarpum* 等血统的品种）的品种，如'长寿宝''白富士''宫岛'等。落叶的如：原种羊踯躅 *R. molle*、大字杜鹃 *R. schlippenbachi*，品种'凯瑟琳'（Kathleen）等。常绿的如：过去称的比利时杜鹃的一些品种，如'天女舞'（Madame Moreux）、'四海波'（Madame Moeeux alba）等。

沈荫椿先生的专著《杜鹃花 Azaleas》中在杜鹃 Azaleas 下再分为锦叶类（Variegated Leaves）、春叶类（Spring Leaves）、秋叶类（Autumn Leaves）。

杜鹃类鹃（Azaleas 类）

杜鹃类鹃（Azaleas 类）

杜鹃类鹃（Azaleas 类）

杜鹃类鹃（Azaleas 类）

杜鹃类鹃（Azaleas 类）

3. 越橘类鹃（长尾种子类鹃）Vireyas 类

全球约有300个原种。大部分分布于新几内亚岛、加里曼丹岛、印度尼西亚、菲律宾等亚洲东南部的热带。越橘类鹃 Vireyas 中的种在植物分类学上为有鳞杜鹃亚属（杜鹃亚属）Subgenus *Rhododendron* 越橘杜鹃组 Section *Vireya* 中的种和栽培品种，野生种的

越橘杜鹃组 Section *Vireya* 又分为7个亚组，中国仅有其中1个越橘亚组 Subsection *Pseudovireya* 中的9个种。此组与杜鹃组 Section *Rhododendron* 的主要区别是越橘杜鹃组 Section *Vireya* 种子两端具长尾状附属物，杜鹃组 Section *Rhododendron* 种子两端无尾状附属物。

三类杜鹃中高山杜鹃（耐寒杜鹃、踯躅鹃类）

Rhododendrons 类大多数野生种分布在海拔 1 500m 以上区域，杜鹃类鹃 Azaleas 类大多数野生种分布在海拔 2 500m 以下的温带和亚热带区域，而越橘类鹃（长尾种子类鹃）Vireyas 类大多数野生种分布在热带和亚热带区域。

国内在历史上商品栽培的主要是具有映山红、羊踯躅等亚属血统的杜鹃（Azaleas 类杜鹃），其大多数为分布于海拔 2 500m 以下的野生种及园艺品种（习惯上说的东洋杜鹃、西洋杜鹃、比利时杜鹃等），其亲本主要来源于杜鹃 *R. simsii*、火红杜鹃 *R. scabrum*、皋月杜鹃 *R. indicum*、毛白杜鹃 *R. mucronatum* 等 Azaleas 类杜鹃。国内过去虽然也栽培了一些高山杜鹃（耐寒杜鹃、踯躅鹃类）Rhododendrons，但大多为山上直接采挖或种子繁殖的原种，云南历史上也有过自己培育的高山杜鹃品种，但多已失传 [自 18 世纪以来英、德、比利时、荷兰、美等国已利用包括主要从我国引入的原种通过杂交等手段培育了 5 000 余个高山杜鹃（耐寒杜鹃、踯躅鹃类）Rhododendrons]。虽然过去也引入了一些国外培育的踯躅鹃类（耐寒杜鹃、高山杜鹃）

Azaleas 类杜鹃在园林中的应用

Rhododendrons园艺品种，但是大多数为我国经济发达的沿海地区，这些地区大多数夏季温度过高而引进品种不一定适应这里的温度，加之高山杜鹃（耐寒杜鹃、踯躅鹃类）Rhododendrons 大多数进入花期的生育期较杜鹃Azaleas 类杜鹃长，管护成本高，所以基本上没有形成大宗商品。近年来我国已更多地引入了高山杜鹃（耐寒杜鹃、踯躅鹃类）Rhododendrons 中耐一定高温的园艺品种；国内一些单位和个人，如云南省农业科学院花卉研究所、昆明植物研究所、云南农业大学等都在进行高山杜鹃（耐寒杜鹃、踯

Azaleas 类杜鹃在园林中的应用

躅鹃类）Rhododendrons 的选育工作；正在改变杜鹃（Azaleas 类杜鹃）在国内一统商品杜鹃天下的局面。国内过去出版的杜鹃书籍因为商品栽培多为Azaleas 类杜鹃等原因，原来的杜鹃园艺分类对现在市场已不够用。原国内园艺分类主要依据栽培品种的培育地、生长习性等把栽培分成各个类型。

（1）东鹃，又称东洋杜鹃，多来自日本培育的品种，如久留米杜鹃等。

（2）西鹃，又称西洋杜鹃，多来自欧美、澳大利亚等国培育的品种，如比利时培育的许多杂交品种。

（3）毛鹃，又称毛叶杜鹃、台湾杜鹃、日本平户杜鹃。如锦绣杜鹃、毛白杜鹃等。

（4）春鹃，主要为映山红亚属原种及杂交后代春天开花的品种。

（5）夏鹃，夏天开花的品种。如皋月类杜鹃，一般先发枝，后开花。

进一步进行园艺分类工作将对杜鹃培育、栽培有积极意义。

羊踯躅在园林中的应用

Azaleas 和 Rhododendrons 类杜鹃在园林中的应用

Rhododendrons 类杜鹃（筐内）与 Azaleas 类杜鹃（地栽）在园林中的应用

花店中待售的 Azaleas 类杜鹃

花店中待售的杜鹃盆景

Rhododendrons 类高山杜鹃（耐寒杜鹃、踯躅鹃类）在园林中的应用

02 杜鹃在中国横断山等地的早期应用、栽培简介

　　我国是世界上引种驯化、栽培杜鹃最早的国家，早在2000多年前就有杜鹃（羊踯躅 *R. molle*）药用功能的描述及研究、诗词等。我国第一部药学专著、大约成书于汉代的《神农本草经》，南北朝时期博物学家陶弘景（456—536）的《名医别录》《本草经集注》等都有对杜鹃中羊踯躅的药用价值、采集、制作方法等的详细记录。杜鹃作为观赏植物栽培，在三国时期（蜀，221—263）张翊的《花经》就有了对杜鹃花观赏性的评价。唐宋时期杜鹃已经普遍栽培，当时名人李白、元稹、杜牧、韩愈等人均有题咏。仅白居易就有《山石榴花》《喜山石榴花》《戏问山石榴》《山石榴寄元九》等诗词（注：山石榴即我们现在说的杜鹃）。从白居易《题孤山寺山石榴花示诸僧人》，李咸用《题僧院杜鹃花》，韩偓《净兴寺杜鹃花》等诗词中可以看出各寺庙中当时也普遍种植有杜鹃。

　　在杜鹃野生种分布最多的云南，很早就培育出了园艺品种，例如：明成化二十年（1484）张志淳《永昌二芳记》中记录杜鹃花有二十种。明嘉靖四十二年（1563）李元阳纂修《大理府志》记载：杜鹃花谱有47品（个品种）、并且培育出五色复瓣（植株）品种，但许多品种至今已失传。在横断山漫山遍野的野生种更是被见到的人认为天下绝无仅有，例如明万历八年（1580）李元阳在《中溪家传汇稿》（中溪全集）中描述大理苍山杜鹃："君不见点苍山原好风光土，杜鹃踯躅围花坞。坞中往来屈指数，此花颜色三十五……贫富家家作屏障，春雨春风总无恙。石家步障锦模糊，如此繁花天下无。"［他已把杜鹃和高山杜鹃（耐寒杜鹃、踯躅鹃类）分成了两类］；清代张泓在《滇南新语》对楚雄、大理杜鹃的描述："迤西楚雄、大理等均产杜鹃，种分五色，有蓝色，蔚然天碧。"1804年出版的《滇海虞衡志》记载杜鹃在云南"杜鹃花满滇山，尝行环洲乡，穿林数十里，花（株）高几盈丈"……

　　在藏区众多藏医药典籍中也多有对杜鹃的性状及药用效果的描述，例如：成书于8世纪中叶的《度母本草》、14世纪初叶的《药名之海》等专著。就有对生长于云南、四川、西藏的踯躅鹃类（耐寒杜鹃、高山杜鹃Rhododendrons）、杜鹃类鹃 Azaleas 的记述。

　　中国历史上至元、明、清早期汉文字记载的杜鹃大多为中国经济文化比较发达地区的自然种及栽培品种。栽培与培育的杜鹃大多数为映山红亚属 Subgenus *Tsutsusi*、羊踯躅亚属 Subgenus *Pentanthera* 等中的种；但历史文献上描述的种已有部分涉及了高山杜鹃（耐寒杜鹃、踯躅鹃类）Rhododendrons 类中无鳞杜鹃亚属、有鳞杜鹃亚属一些种的杜鹃，如云锦杜鹃 *R. fortunei* 等。而在云南、四川、西藏等地生活过的人，例如明代出生于云南大理的李元阳就提到了踯躅鹃类（高山杜鹃、耐寒杜鹃）Rhododendrons。有文字的中国少数民族，例如藏文等在唐朝等就主要涉及高山杜鹃（踯躅鹃类、耐寒杜鹃）Rhododendrons。这与各民族分布相关。

　　而野生杜鹃资源最为丰富的种是在云南、西藏、四川的横断山及喜马拉雅地区，这一区域是近、现代中国经济、文化、交通最不发达的地区之一；特别是横断山脉内由于数条江河（长江、澜沧江、怒江、独龙江）的并流及横断山［伯舒拉岭—高黎贡山褶皱带（属于冈底斯—念青唐古拉褶皱系）、他念他翁山脉—怒山山脉、芒康山—云岭］等山脉的阻断，交通极为不便（至20世纪70年代从昆明出发到香格里拉，天气好的话乘长途车也要5~6天，可以想见植物学、博物学先驱们当年调查、采集杜鹃之艰难）。这一地区处于中国少数民族聚居区，民族众多，是民族语言种类最多的地区，可能您一天之中就会遇到说四五种民族语言的人（操各种民族语言、方言）。这给同当地人的交流带来了极大的不便，有时候你问他们一种植物，他们说的可能是另外一种植物，当你跋涉数小时找到他们说的植物时才发现不是一回事。这更增加对这一区域资源植物的研究难度，对涉足这一地区的

人来说野外的徒步充满了艰辛与困苦，但这里的自然景观的确格外迷人。就如当今许多徒步这一地区人们所描述的："眼睛在天堂、身体在地狱"。这一地区杜鹃之丰富令人叹为观止。明代徐霞客在考察这一区域达到保山市芹菜塘附近时有过对杜鹃的描述："村庐不多，而皆有杜鹃灿烂，血色夺目。"他在从云南剑川石宝山至沙溪途中："其地马缨盛开，十余朵簇成一丛，殷红夺目，与山茶同艳。"从文中可看出这些地方当年杜鹃之繁茂。如今芹菜塘附近、石宝山至沙溪及云南大多数地方由于种种原因，野外随处可见的杜鹃已很少了。只有到人迹罕至、交通不便的区域和当地居民对万物有自然崇拜、城镇化很少波及的地区才能看到成片的野生杜鹃景观。

历史上但凡发达地区来云南的人无不被野生杜鹃景观所震撼，《滇海虞衡志》的作者安徽人檀萃就感叹其"……弃在蛮夷，至为樵子所薪，何其不幸也。"要把其"……思此种花若移植维扬，加以剪裁收拾，播屈于琼砌瑶盆。"而今从事杜鹃育种的国人凤毛麟角，许多园艺公司则是直接采挖野生杜鹃大树种植于城镇，致使野生杜鹃急剧减少。

从历史典籍与现在分布状况看，西南各地野生杜鹃资源丧失迅速，广布种从原来的片、带状分布向点状分布（孤岛状分布）收缩，一些分布狭窄、种群数量少的种更快地变成了濒危物种。

横断山区域原住民历史上就有引种驯化杜鹃及到自然分布杜鹃繁茂区域游玩的习惯，现今云南、贵州、四川、西藏许多研究单位、院校、自然保护协会、企业、杜鹃爱好者及政府已开展了对这一区域杜鹃资源的保护利用。并开展了相关的育种工作，已有自己培育的杜鹃品种推出。

被砍伐的高山杜鹃

拍摄于 20 世纪 90 年代

历史对比（上图与下图为同一地点的 20 世纪 90 年代与现在）：拍摄于 2021 年

第三章

野生杜鹃景观

每年春夏，到横断山最值得到野外观赏的植物就是杜鹃了，无论是花色的丰富度，还是数量，都令人叹为观止。

以下用图片展示一些野生杜鹃景观：

一、太子雪山（梅里雪山）杜鹃景观

太子雪山（梅里雪山）与白马雪山隔澜沧江相望（属横断山脉中的怒山山脉，是怒江与澜沧江的分

梅里雪山杜鹃生长的环境

水岭），其主峰卡瓦格博为云南省的最高峰（海拔6 740m）；地处滇藏交界的德钦县与察隅县。太子雪山（梅里雪山）为藏区藏传佛教、苯教的四大神山之一。有杜鹃花属植物近20个种。

大白花杜鹃 *R. decorum* 与缅茨姆（神女峰，海拔6 054m）

云南杜鹃 *R. yunnanense* 与缅茨姆（神女峰，海拔 6 054m）

云南杜鹃 *R. yunnanense* 与吉瓦仁安（五佛神冠峰，海拔 5 470m）

杜鹃与巴乌八蒙（笑农峰，海拔 6 000m）

杜鹃与松萝（滇金丝猴常以松萝和大白花杜鹃 *R. decorum* 的花为食）

针阔叶混交林下的云南杜鹃 *R. yunnanense*

海拔 3 500m 处的针阔（杜鹃）叶混交林

高大的壳斗科乔木林下的杜鹃

海洋性冰川延伸至针阔（杜鹃）叶林下

白茫雪山小乔木状杜鹃

白茫雪山海拔 3 500 ~ 4 200m 杜鹃景观

白茫雪山垭口附近景观

白茫雪山海拔 3 500 ~ 4 200m 杜鹃景观

海拔 3 200m 处的柳条叶杜鹃 *R. virgatum*

针叶林下的云南杜鹃 *R. yunnanense*

梅里雪山 9 月中旬盛开的由粉红色至白色的大白花杜鹃 *R. decorum*

梅里雪山 9 月中旬盛开的由粉红色至白色的大白花杜鹃 *R. decorum*

二、白马雪山杜鹃景观

白马雪山地处横断山脉中云岭山脉迪庆藏族自治州德钦县和维西傈僳族自治县澜沧江与金沙江之间，海拔5 429m，处于青藏高原至云贵高原的过渡带，由一组高山和极高山组成，冰川冻土、山地、峡谷、宽谷、河谷、小平地等地形地貌镶嵌其间，植被区系属中国—东喜马拉雅森林植物亚区。是杜鹃种最多的地方之一。1988年起已成为国家级自然保护区，在2003年被评定为世界自然遗产的"三江并流"区域内。在白马雪山自然保护区281 640hm²范围内分布有杜鹃花属植物近80种（其中特有种53种），几乎占到中国野生种的13%、云南野生种的1/4。生长在这一区域中的杜鹃不论从植株高矮、色泽、花期等上都是此属中最为丰富的，可以说这里是杜鹃花属植物分布的中心。这一核心区域一直以来备受世界各国博物学家、植物学家、地理学家关注。现存于国内标本馆的由俞德浚、冯国楣、王启无、杨增宏、武素功等人采集的大量杜鹃标本也来自这里。乔治·福雷斯特（George Forrest）曾5次到白马雪山进行植物采集，以弗兰克·金登-沃德 Frank Kingdon-Ward（1911—1950年间对这一地区进行过8次考察）名字命名的黄杯杜鹃 *R. wardii* 的模式种也采集于白马雪山。从白马雪山山脚下金沙江至山顶相对高差达3 000余米（3 480m）。白马雪山保护区南北跨度虽仅1.2个纬度，但植被类型却相当于从中国南部亚热带到北半球极地数千千米的70个纬度水平带的植被生态类型（16个植物分布带谱）；从山脚下金沙江边至海拔3 000m 左右可以观赏到干热河谷灌木丛；海拔2 600～3 400m是云南松 *Pinus yunnanensis* 针叶林、常绿阔叶林与云南松针叶混交林，在其中可观赏到大白花杜鹃 *R. decorum*、云南杜鹃 *R. yunnanense* 等；海拔3 000～4 000m的冷杉下可以观赏到川滇杜鹃*R. traillianum*、紫玉盘杜鹃 *R. uvariifolium* 等；海拔3 300～4 300m的区域可以观赏到黄杯杜鹃 *R. wardii*、栎叶杜鹃 *R. phaeochrysum* 等；而到了海拔3 500～4 500m区域是以金黄色的金黄多色杜鹃 *R. rupicola* var. *chryseum*、蓝紫色的直枝杜鹃 *R. orthocladum*、开白花的樱草杜鹃 *R. primuliflorum* 等

白马雪山与云南杜鹃 *R. yunnanense*（从梅里雪山看）

翅柄杜鹃 *R. fletcherianum*

樱草杜鹃 *R. primuliflorum*

白马雪山直枝杜鹃 *R. orthocladum*

白茫雪山垭口附近杜鹃

白茫雪山垭口附近杜鹃

针叶林与杜鹃

凝毛杜鹃与岩须（开白色小花的植株）

金黄多色杜鹃（*R. rupicola* var. *chryseum*）与报春

凝毛杜鹃（*R. phaeochrysum* var. *agglutinatum*）与平卧怒江杜鹃（*R. saluenense* var. *prostratum*）

为主的高山矮灌木丛草甸；即便到海拔4 500m以上流石滩至积雪带也可以看到杜鹃顽强的身影。这里杜鹃的花期从3月至7月因海拔、种的不同而依次递开。白马雪山杜鹃林在《中国国家地理》《森林与人类》等杂志评选中都被评选为中国最美的森林。

三、天宝雪山杜鹃景观

　　天宝雪山位于小中甸与白水台之间，为香格里拉七大雪山之一，海拔超过4 000m的山峰数十座，主峰海拔4 750m，至今到此游玩的人还很少，其中许多地方还保存了原生态的风貌。

长柱灰背杜鹃 *R. hippophaeoides* var. *occidentale*

兜尖卷叶杜鹃（变种）*R. roxieanum* var. *cucullatum*

天宝雪山杜鹃景观

针叶林旁的杜鹃与鸢尾

病树前头万木春

黄杯杜鹃（*R. wardii*）景观

天宝雪山植被

溪流旁的黄杯杜鹃（*R. wardii*）

树桩上萌发的杜鹃

105

四、迪庆藏族自治州部分区域景观

　　云南省迪庆藏族自治州下辖香格里拉、维西、德钦三县；除上述介绍的梅里雪山、白茫雪山、天宝雪山等外，在其境内，不论是湖边、山坡、村旁等地，随处可见野生杜鹃的身影。到香格里拉旅游必去的打卡地普达措国家公园其中最有名的一景就是碧塔海的"杜鹃醉鱼"：每到湖畔杜鹃花开时节，杜鹃花瓣飘落湖中，鱼儿误食其中一些有毒花瓣后鱼腹忽而向上忽而向下如同人类醉酒一般步伐不稳。

　　有些山坡上原针阔（杜鹃）混交林因针叶树被采伐后更新的还没长到同杜鹃一样高，杜鹃明显地暴露出来，花开时节，远远望去漫山遍野尽是杜鹃。

小中甸镇村旁的野生腋花杜鹃 *R. racemosum*

两种颜色的杜鹃

脓花杜鹃

针叶树被采伐后漫山遍野的杜鹃显露出来

脓花杜鹃

云南杜鹃与红棕杜鹃

石卡山大乔木状杜鹃与针叶混交林

杜鹃醉鱼

碧塔海周边杜鹃

碧塔海周边杜鹃

碧沽天池畔的杜鹃

碧沽天池旁针叶林下的杜鹃

九子湖附近杜鹃

五、杜鹃与玉龙雪山景观

玉龙雪山为横断山脉中云岭山脉的主峰，海拔5 596m，是我国最靠近赤道的雪山。20世纪著名博物学家洛克曾以山脚下玉湖村为大本营，27年间采集了大量的动植物标本。玉龙雪山区域内植物资源丰富，有锈叶杜鹃、毛喉杜鹃、腺房杜鹃等45种杜鹃花属野生种。

红棕杜鹃 *R. rubiginosum* 与玉龙雪山

红棕杜鹃 *R. rubiginosum* 与玉龙雪山

棕背杜鹃 *R. traillicrum* 与玉龙雪山

六、老君山杜鹃景观

老君山地处苍山、玉龙雪山等山的结合部，在玉龙、剑川、兰坪、维西等县区的境内，为世界自然遗产"三江并流"的八大片区之一，属横断山系的云岭山脉，主峰海拔4 515m。老君山分布有杜鹃花属植物近60（56）种。目前，人为地划分为九十九龙潭片区、黎明高山丹霞片区、金丝猴保护片区、格拉丹高山草原片区、新主植物园等片区。各个片区均有丰富的杜鹃野生资源分布。现交通相对便利，可看到杜鹃大量分布的是九十九龙潭片区，其位于老君山北侧，片区内最高峰太上峰海拔4 247.2m，距剑川县城约80km，属老君山林区16林班管辖。区域内因有数十个大大小小的冰蚀湖泊、水池而得名九十九龙潭。区域内因杜鹃种及海拔的不同，花期在3~7月。

老君山混交林中盛开的红棕杜鹃 *R. rubiginosum*

大王杜鹃 *R. rex*

粉紫矮杜鹃 *R. impeditum*

同一株红棕杜鹃 *R. rubiginosum*
花冠上斑点多少不一

花与种子

栎叶杜鹃（褐黄杜鹃）
R. phaeochrysum

石缝中的杜鹃

老君山九十九龙潭杜鹃景观

杜鹃与报春争奇斗艳

两种花色的杜鹃

黄红斑点（云南杜鹃 *R. yunnanense*）

光柱杜鹃 *R. tanastylum*

杜鹃树干

同一时期两种杜鹃叶片颜色不同

七、马耳山杜鹃景观

马耳山，属横断山脉中云岭的东支，地处鹤庆、洱源、剑川三县交界处。海拔3 925m。因主峰形似骏马双耳而得名马耳山。其南北绵延近百里，为杜鹃纯林面积最大，色泽、物种较为丰富的区域之一。分布有杜鹃花属植物30余种。

马耳山红棕杜鹃 *R. rubiginosum* 等景观

马耳山杜鹃景观

马耳山杜鹃景观

马耳山不同种杜鹃花序开花状况

马耳山杜鹃景观

单位面积内植株过密，单株呈直立状，仅冠幅上部有花

横断山杜鹃（1） HENGDUANSHAN RHODODENDRON (1)

植株密度适中，树冠呈圆头形

从上图至下图：花序—植株—群体的开花状况

从上图至下图：植株—群体的开花状况

马耳山杜鹃景观

八、洱源罗坪山

海拔3 201m，因有县道直达山顶，交通便利，花期时节人们常来此观赏极为壮观的紫蓝色杜鹃，这里也是当地人放牧的牧场。

洱源罗坪山杜鹃景观

九、宁蒗白岩子山景观

白岩子山海拔4 513.3m，为丽江市宁蒗彝族自治县的最高山，地处横断山脉中段丽江市东北部。山上植物种类丰富，杜鹃、绿绒蒿、龙胆、冷杉等点缀在白色的石灰岩山体间，令人神往。

高山牧场周边杜鹃

卷叶杜鹃 *R. roxieanum*　　　栎叶杜鹃 *R. phaeochrysum*　　　樱草杜鹃 *R. primuliflorum*

133

海拔 4 000m 处杜鹃景观

大白花杜鹃 *R. decorum*

栎叶杜鹃 *R. phaeochrysum* 与樱草杜鹃 *R. primuliflorum*

杜鹃与绿绒蒿

流石滩上的杜鹃

樱草杜鹃 *R. primuliflorum*

杜鹃树干

永宁杜鹃 *R. yungningense* 与樱草杜鹃 *R. primuliflorum*

各色杜鹃争奇斗艳

十、轿子雪山杜鹃景观

　　轿子雪山是距离昆明最近的季节性雪山，属云岭山脉由西向东的延伸部分的拱王山系，为滇中第一高峰，海拔4 344.1m。1989年被列为昆明市自然保护区，区域内有山岳型冰川遗址、冰蚀湖泊、原始植被等，是滇中地区森林生态系统保存相对完整的地方。此山在南诏国时期（公元784年、唐德宗兴元元年）曾被南诏王异牟寻封为南诏东岳。区域内有野生杜鹃30余种，因海拔、种的不同，花期在2~7月。

杜鹃林雾气缭绕

轿子雪山各种野生杜鹃，花色、花型各不同

山腰上杜鹃已盛开（上图），山顶雪还未融化，杜鹃叶色还没有由黄转绿（下图）

石崖下的杜鹃

马缨花 *R. arboreum* subsp. *delavayi*

落红满地

清晨雾气弥漫于山间

杜鹃树干上长满了地衣类物种

针叶林旁盛开的黄杯杜鹃 *R. wardii*

十一、马鹿塘杜鹃景观

以碎米杜鹃 *R. spiciferum* 为优势种的杜鹃景观。地处禄劝彝族苗族自治县马鹿塘乡的阿大彩、三发村、上伙房三个村之间的罗格卧山、风貌岭（海拔3 100m）一带，4 000余亩。距昆明约180km。花期3月下旬至4月上旬。

自然生长呈扁圆球状的碎米杜鹃 *R. spiciferum*

杂木灌丛中生长的杜鹃

同一种各单株花期略有不同（浅色：早，深色：晚）

沟谷中的碎米杜鹃 *R. spiciferum*

沟谷中的碎米杜鹃 *R. spiciferum*

沟谷中的碎米杜鹃 *R. spiciferum*

沟谷中的碎米杜鹃 *R. spiciferum*

十二、折多山杜鹃景观

折多山为横断山脉大雪山的一脉、海拔4 962m（垭口海拔4 298m）。折多山是重要的地理分界线，折多山以东属亚热带季风气候，地处华西丰雨屏带中，夏季多雨，植被茂密；而折多山以西属亚寒带季风气候，气候温和偏寒，以高山草甸植被类型为主。这里也是藏汉文化的分界线，从康定出发翻越折多山就进入了康巴藏区。

折多山高山杜鹃亚组中各种花色等的差异

154

折多山杜鹃生境

折多山杜鹃生境

生长在海拔 4 300m 垭口处的杜鹃

九十八弯的盘山路与路旁的杜鹃

十三、波瓦山杜鹃景观

波瓦山海拔4 695m，位于四川甘孜藏族自治州稻城县境内，沿国道"216"线走，距稻城县城约26km就到海拔4 513m的波瓦山垭口，4~7月从垭口附近至山脚色拉草原是各种杜鹃的花期。

波瓦山垭口海拔4 520m处分布着数万株高山杜鹃亚组的杜鹃

垭口下至海拔4 200m以下小乔木状杜鹃逐渐增多

157

每年 6～7 月是稻城县波瓦山垭口（海拔 4 513m）附近高山杜鹃或水生的蓝紫色杜鹃花期

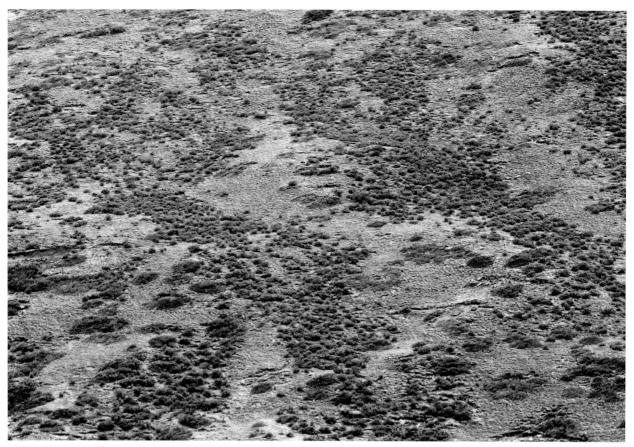

山坡湿润处生长的杜鹃

为保温，杜鹃常聚集在一起呈圆盘或垫状

蓝紫色高山亚组的杜鹃从山顶一直延伸到了山脚

十四、卡子拉山杜鹃景观

卡子拉山垭口海拔4 718m（标示地标），地处四川省甘孜藏族自治州理塘县与雅江县的分界山，主要植被类型为高山草甸，乔木稀少。蓝紫色的杜鹃成了这里主要的木本植物。

卡子拉山杜鹃景观

6、7月从卡子拉山垭口向北望去，蓝紫色的杜鹃开满了山野

十五、东达山杜鹃景观

　　地处西藏昌都市左贡县境内，东达山垭口海拔
5 130m，是滇藏、川藏线第一高度的垭口。每年6~7
月从垭口附近直至山下延绵数十千米的蓝紫色杜鹃极
为壮观。

东达山杜鹃景观

东达山杜鹃景观

十六、红拉山杜鹃景观

红拉山位于横断山脉中部属芒康山，其南邻云岭山脉。国道"214"穿越其间，每年杜鹃花开时节，道路两旁开成了一道亮丽的风景线。红拉山垭口海拔

4 448m，在西藏芒康县境内，南邻云岭山脉。

6月红拉山蓝紫色的杜鹃与达美拥雪山［属横断山脉他念他翁山，主峰嘎托雪山海拔6 434m。传说是梅里雪山（太子雪山）卡瓦格博的三女儿，当地也称神女峰］隔江（澜沧江）相望。

云南德钦与西藏芒康交界处的达美拥雪山（海拔 6 434m）与红拉山的杜鹃交相辉映

"214"国道旁高山杜鹃亚组杜鹃单株及生境

"214" 国道旁高山杜鹃亚组杜鹃单株及生境

"214" 国道旁高山杜鹃亚组杜鹃单株及生境

"214"国道旁高山杜鹃亚组杜鹃单株及生境

十七、安久拉山杜鹃景观

安久拉山口海拔4 468m，在八宿县境内，属横断山脉的伯舒拉岭山系。它南接高黎贡山，是怒江和雅鲁藏布江的分水岭，东与他念他翁山—芒康山相望。

在安久拉山口附近生长着大量紫蓝色的杜鹃灌丛

高山杜鹃亚组杜鹃为适应环境，常密集生长在一起，呈丛生状

十八、"318"国道芒康至东达山段杜鹃景观

沿滇藏线"214"国道进入西藏的第一个县城芒康 县城，"214"国道和"318"国道在这里交汇，去拉萨最近的路就是"318"国道了，这一段路虽然海拔高，但山势比云南德钦段平缓得多，道路两旁成群的牦牛在杜鹃丛中享用着新发的嫩草，一派高原牧场风光。

"318"国道旁杜鹃景观

"318"国道旁杜鹃景观

横断山杜鹃（1） RHODODENDRON (1)

"318" 国道旁杜鹃景观

杜鹃与报春花科点地梅属植物垫状点地梅竞相开放

第四章

杜鹃种类

01 早期为分类奠定的基础

虽然我国有极为丰富的杜鹃资源，但应用现代植物学的手段来对其进行研究，我国却较外国人起步晚。十分遗憾的是，中国分布的杜鹃90%以上的种都是由外国人定名的。杜鹃种的确定其形态是主要的依据之一；在形态的依据上腊叶标本是分类学家确定种的物证之一。我国早期植物学、园艺学工作者从最基础的标本采集鉴定、引种驯化等工作开始，开展了杜鹃标本采集等工作，历史上种的采集较多的我国老一辈植物学家有：俞德浚（1908—1986），在横断山等地采集杜鹃标本1 200余号（140余种）；王启无（1913—1987），在横断山等地采集杜鹃标本500余号（100余种）；蔡希陶（1911—1981），在横断山等地采集杜鹃标本250余号（50余种）；吴征镒（1916—2013），在喜马拉雅及横断山等地采集杜鹃标本250余号（40余种）；冯国楣（1917—2007），从20世纪30年代至去世一直在云南及横断山等地采集杜鹃等植物，是我国采集杜鹃标本最多的研究人员；毛品一（1926—？），在我国采集杜鹃标本150余号（36种）；杨增宏（1937—2017），在我国采集杜鹃标本300余号（60余种）等。我国历史上采集杜鹃标本较多的老一辈植物学家还有左景烈、曾怀德、方文培、蒋英、侯宽昭等。

至今我国在野生杜鹃种质资源的保护与可持续利用上进行了大量的工作，对野生杜鹃种质资源的收集、就地与迁地保护等进行了全方位的工作。

在就地保护方面：先后颁布了《中华人民共和国野生植物保护条例》《中华人民共和国种子法》等法律法规。并以"国家公园"为主体的自然保护地建设，至2020年我国自然保护地已达11 800个，约占我国陆地面积的18%。现今保存最好的杜鹃景观大多在这些区域内。

在资源的收集与迁地保护方面：以植物园、种质资源圃等为主体（中国科学院庐山植物园、中国科学院昆明植物研究所、中国科学院植物研究所华西亚高山植物园等）建立了专门的迁地保护杜鹃资源圃。中国科学院植物研究所标本馆（PE）（保存腊叶标本220万号）、昆明植物研究所标本馆（KUN）至2012年的统计杜鹃花属有27 451份腊叶标本。1988年在吴征镒院士提议下，在昆明建立了我国最大、世界第二的千年种子库"中国西南野生生物种质资源库"至2020年该资源库已经保存植物种子10 601种（占我国种子植物种数的36%）85 046份。至2010年收集保存了杜鹃种子203份（63种）、DNA材料238份、植物腊叶标本697份。

18世纪以来，掌握了现代植物学手段的西方人对我国云南等地杜鹃花资源向往已久，无数的国外植物学家、传教士、外交官等纷至沓来，收集了数以万计的杜鹃标本、种子、植株。仅英国邱园至2012年就采集到来自中国的11 635份6 056个种的植物标本，含杜鹃花属标本432份。其中在喜马拉雅、横断山等地最为著名的采集人有：

戴乐维（有的译做德拉瓦伊，中国人称其为赖神甫）Père Jean Marie Delavay（1834—1895），法国传教士。在1881年（任广东惠州神甫）返回法国前到云南等地以及后来受巴黎国立自然历史博物馆委任，以大理宾川县大坪子为基地的10余年间，在大理、丽江等地为法国巴黎博物馆采集了大量的植物标本、种子（他在中国采集了20余万份植物标本、约4 000种；包含杜鹃100余种，例如马缨花 *R. delavayi*、弯柱杜鹃 *R. campylogynum*、蓝果杜鹃 *R. cyanocarpum* 等。其中仅存邱园的就有774份植物标本）。他的动植物采集中最为著名的就是珙桐及大熊猫、金丝猴。

卡瓦勒瑞 Pierre Julien Cavalerie（1869—1927），法国神甫。1919年从贵州进入到云南，至1927年在昆明被仆人所杀；他在我国采集的植物标本仅存英国邱园的就有78个科，其中杜鹃花属的就有320份。

乔治·福雷斯特 George Forrest（1873—1932），

中国科学院昆明植物研究所标本馆杜鹃腊叶标本 中国西南野生生物种质资源库杜鹃DNA材料

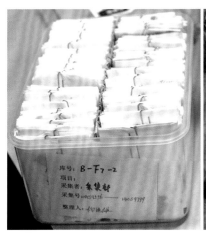

中国西南野生生物种质资源库DNA
材料保存库

中国西南野生生物种质资源库（DNA材料及种子）

英国植物学家和探险家。他跨时28年在我国西部进行植物采集，先后采集了31 000多份植物标本（6 000多种植物），包含了250多种杜鹃。1919年，他在高黎贡山怒江流域滕冲段发现了当时世界上已知最高大的大树杜鹃 *R. protistum* var. *giganteum*（1931年他让人把其中1株大树截断，锯下其中的一段树干带回英国）。他最终因心肌梗死卒于云南，其遗体被安葬在云南腾冲来凤山下。

约瑟夫·洛克 Joseph F. Rock（1884—1962），美籍奥地利人。在中国前后达28年之久，以丽江为大本营对动植物、人文等进行了采集、考察。采集杜鹃250余种。

弗兰克·金登-沃德 Frank Kingdon-Ward（1885—1958），英国植物学家。从1911年始在云南、西藏等地长达40余年的采集，成果丰硕，著有《绿绒蒿的故乡》等。在此书中他写道："我深信这是亚洲最迷人的地区之一；多姿多彩的高山花卉，数之不尽的野生动物，异域风情的民族部落以及复杂的地理构造。只要能在这里游荡几年，我就心满意足了；攀登山峰，踏着厚厚的积雪，和暴风雨作战，徜徉于温暖幽深的峡谷里，眼前是奔腾怒吼的河流，最重要的是还可以结交勤劳勇敢的部落人。这一切让我感到血液在血管里流动，心情安详平静，肌肉结实紧绷。"以他采集的模式标本描述的杜鹃有50余个，

保存的种子

如黄杯杜鹃*R. wardii* 等。他也是最早发现并提出"三江并流"奇观的人。

在中国采集杜鹃著名的还有爱尔勒斯特·亨利·威尔逊 Ernest Henry Wilson（1876—1930，20世纪初期最著名的植物学家和园艺学家，《中国——园林之母》的作者，在中国四川、湖北西部为英国采回50多种杜鹃）、福琼 Robert Fortune（1812—1880）等人。

至今英国已经收集栽培有世界各地约800（仅爱丁堡植物园就收集了500余种）个以上的种。美国收集栽培世界各地的也有600个以上的野生种，在美国栽培的杜鹃杂交品种已达4 000个以上。

生长在横断山脉及喜马拉雅山脉区域的杜鹃，大多为无鳞杜鹃亚属（常绿杜鹃亚属）Subgenus *Hymenanthes*、有鳞杜鹃亚属（杜鹃亚属）Subgenus *Rhododendron* 中的种。也就是在本书中称的高山杜鹃（耐寒杜鹃、踯躅鹃类）。

洛克在丽江玉湖村

丽江玉湖村

洛克在丽江玉湖村的故居

Rhododendron proteoides Balf.f. et
(R.lupronephum Balf.f.et Forr.)

定名人：闵天禄

Rhododendron pseudouureum Balf.f.

Determinavit.

洛克采集的、保存于昆明植物研究所的矮生杜鹃 *R. proteoides* 标本

02 杜鹃的植物学形态简介

杜鹃植株高矮差距较大，从几厘米到近30m高都有；有的种中不同海拔、不同变型之间都有一定差异。从植物学描述来说有灌木、亚灌木或乔木。乔木、亚灌木在常绿杜鹃亚属（无鳞杜鹃亚属）中比较多，几乎占了一半左右，杜鹃亚属（有鳞杜鹃亚属）有的亚组中小灌木则较多，如高山杜鹃亚组中的大多数种。从落叶性上又有常绿杜鹃、半常绿杜鹃和落叶杜鹃之分，如羊踯躅亚属中的种就属落叶杜鹃。杜鹃中的毛被和鳞是区分亚属、种的特征之一；毛被又分单细胞毛和多细胞毛两类。在多细胞毛类型中又分为单列多细胞毛和复合多细胞毛两类。其下又有柔毛、糙毛、腺毛和星状毛、放射状毛、枝状毛、杯状毛、刚毛、鞭状毛等。鳞片有有鳞和无鳞之分，有鳞的类型又有裂状鳞、波状鳞、星状鳞、齿状鳞、泡状鳞（泡状鳞在同一叶上有大小不等的泡状鳞和在同一叶上的疏密之分）、全缘状鳞（全缘状鳞还有重叠状和不重叠状分布）等，这些都需要一定的设备条件和专业知识背景才能观察清楚。其他如：种子的形态特征、种子边缘附属物的有无、冬芽幼叶内的形态等都是区别种的依据。本书野外照片不能把各种不同形态反映出来，感兴趣的话请查阅 J. Hedegaard、H. Sleumer、A. Seith-Vonff、J. Sinclair 等人对各个种的相关专著及相关论文描述。杜鹃叶的叶柄、叶片大小、叶的形状、叶脉、气味也是区别种的特征。一般最易观察的就是其生殖器官了，在区分种时可依据花序，花着生位置，花萼形状、大小，花冠形状（钟形、斜钟形、阔钟形、管状、管状钟形、杯形、漏斗形、阔漏斗形、斜漏斗形、碟形等）、颜色，花大小，花柄长短，花瓣冠上的斑点，雄蕊数目，相对于花冠的长短，雌蕊等来区分。

高山杜鹃常生长在云雾缭绕的地方，哪怕无土壤（如流石滩），叶片等器官也能够捕捉到空气中的水分，这也是杜鹃为什么比其他乔木、灌木能够在比较恶劣的环境下生存的原因之一。

杜鹃是能够在流石滩中生存的极少数多年生木本植物之一

流石滩上的樱草杜鹃 *R. primuliflorum*

石堆中的杜鹃

石缝中的杜鹃

石上生长的杜鹃根系包围着巨石

冰川遗址石河中生长的杜鹃

水边的杜鹃

根系几乎全部在水位下仍然开花的杜鹃

自然状态下种子萌发

自然状态下种子萌发

种子落到树干上萌发

风致树干偏斜

生态环境

195

杜鹃花色

靛蓝色花

紫红色花

蓝紫色隐蕊杜鹃 *R. inticatum*

春花色

浅粉色花

花冠红色，开张　　花冠红色，钟状圆筒形　　花冠洋红色

花冠具红色斑点　　花冠淡黄色　　花冠黄色

羊踯躅花冠金黄色　　羊踯躅花冠金红色　　花冠粉红色

花冠淡粉色　　花冠淡紫色　　花冠具黄色斑块、点

花冠外具红色条

花冠具红色块、斑点

花冠具紫色斑点

花冠白色

花冠乳白色

同一株上不同枝条上花冠
有斑、无斑

根、茎、叶、毛被、鳞片

杜鹃的根系布满在岩石上

各个不同的种树皮的形态不一样，如马缨花，皮较粗糙且厚

老茎上萌发新枝（各个种之间萌发力不一样）

树干被从近基部切断后基部不定芽再生萌发

枝上部及叶柄被满了毛

大型叶片的杜鹃

同一地点不同种间叶片大小不同

叶背有无毛、鳞片，毛、鳞片的色泽等是区别种之间的特征

叶面被毛的状况

叶背被毛的状况

有的种内幼枝梢端叶背（毛等）被毛的种类、厚度等不一

叶背具极厚的毛

被毛

棕背杜鹃 *R. fictolacteum*

叶背及幼枝上具鳞

叶背上具鳞

野外传粉昆虫及自然灾害

病害感染后梢端呈现鲜艳的花朵状　　　　　　　　　病害感染后梢端呈现鲜艳的花朵状

病虫危害状

杜鹃叶片上的虫瘿　　　　　　　　　　　　　　　　杜鹃遭遇冻害

蜜蜂造访光柱迷人杜鹃 *R. agastum* var. *pennivenium*　　　　熊蜂传粉

熊蜂造访杜鹃　　　　　　　　　　　　　　　　　传粉昆虫

203

03 横断山杜鹃种类

本书将分布于我国横断山的杜鹃各个亚属、组、亚组按詹姆斯·库伦《耐寒杜鹃花物种指南》（James Cullen, *Hardy Rhododendron Species：A Guide to Identification*）2005版排列。专业的描述，如毛被、鳞片、叶脉、花萼等请参考相关学术专著。本书文字描述尽量从简。

一、常绿杜鹃亚属 Subgenus *Hymenanthes* (Blume) K. Koch

在《中国植物志》《中国杜鹃花属植物》中称常绿杜鹃亚属；在《中国杜鹃花》《云南杜鹃花》中称无鳞杜鹃亚属。

常绿灌木至乔木，叶革质，多为顶生总状伞形花序，雄蕊通常10枚或10枚以上。

（一）常绿杜鹃组 Section *Pontica* G. Don

《中国植物志》称常绿杜鹃组；《中国杜鹃花》称无鳞杜鹃花组 Section *Pontica* G. Don（在《云南杜鹃花》日文版中无鳞杜鹃为亚属；亚属以下是无鳞杜鹃组 Section *Hymenanthes*）。

特征同亚属。

1. 云锦杜鹃亚组 Subsection *Fortunea* Sleumer

小乔木或灌木，总状伞形花序松散。

美容杜鹃 *Rhododendron calophytum* Franchet　　　001

常绿灌木或小乔木；高5~8m。叶片厚革质，长圆形、长圆状披针形、长圆状倒披针形，叶面绿色、无毛，叶背淡绿色，幼时具毛。总状花序伞形顶生，具花15~30朵，花冠宽钟形，白色至粉红色，花冠6~7裂，雄蕊15~25枚。花期4~5月，果熟期9~10月。

分布于云南的彝良等地海拔2 000m左右的阔叶林中。四川、贵州、湖北、陕西、甘肃亦有分布。

花色艳丽，可用于庭院、街道绿化、美化；新品种培育。

尖叶美容杜鹃 *Rhododendron calophytum* var. *openshawianum* (Rehder & Wilson) Chamberlain

常绿灌木或小乔木；叶较原变种小。

分布于云南的彝良、永善、盐津、绥江等地海拔1 400～2 800m的阔叶林中。四川西南部、西部亦有分布。

花色与花冠上斑点对比显著、艳丽，花朵密集，可用于庭院、街道绿化、美化；新品种培育。

腺果杜鹃 *Rhododendron davidii* Franchet

常绿灌木或小乔木，株高1.5～8m。叶厚革质，长圆状倒披针形至倒披针形，叶面绿色、无毛，叶背苍白色。总状花序顶生，具花6～12朵，花冠阔钟形，淡玫瑰红色，雄蕊12～16枚。花期3～5月，果熟期7～8月。

分布于云南的彝良、大关等地海拔1 500～2 500m的林中。四川西部亦有分布。

花、叶观赏性强，可做庭院绿化等用。

大白花杜鹃 *Rhododendron decorum* Franchet

常绿灌木或小乔木；高0.5 ~ 5m。叶片革质，长圆形、长圆状椭圆形或倒披针形，叶两面无毛，叶面深绿色、具蜡质，叶背淡绿色。总状花序伞形，具花8 ~ 10朵，花冠漏斗状钟形，白色或淡粉红色，花冠6 ~ 8裂，雄蕊12 ~ 16枚。花期3 ~ 9月，果熟期11 ~ 12月。

这是一个在我国西南广泛分布的种，其分布于云南的昆明、寻甸、嵩明、东川、禄劝、富民、安宁、宜良、石林、玉溪、易门、禄丰、武定、楚雄、蒙自、屏边、砚山、文山、大理、弥渡、祥云、宾川、鹤庆、丽江、永胜、香格里拉、维西、德钦、漾濞、巍山、南涧、永平、云龙、景东、保山、龙陵、腾冲、泸水、福贡、贡山等地海拔1 000 ~ 3 400m的杂木林、针叶林、灌丛中，四川亦有分布。

其株形美观、叶色翠绿。在云南各地常采集其鲜花作为蔬菜食用，鲜花采集后除去花蕊，用沸水余后用冷水浸泡2 ~ 3天，常采用炒、烩、煮等各种方法加工。

此种适应性广，生态类型、种内差异、自然杂交后代繁杂，叶色亮丽。从园艺分类的观点出发，从花色、株形、花期物候等可选育出很多园艺品种。

大白花杜鹃生境　　　　　　　　海拔3 440m处的大白花杜鹃

雄蕊13~15枚，花冠白色，花期4月上中旬　　　雄蕊13~15枚，花冠粉红色，花期4月上中旬　　　花冠鲜粉色，花期5月中旬

花冠粉红色，花期 9 月中旬　　　　　　花期 9 月中旬，同一株上花色有粉色与白色　花冠纯白色、基部绿色，花期 6 月下旬

花冠白色、具粉红色带，花梗红色，花期　花梗绿色　　　　　　　　　　　　　　花冠白色、基部具紫色条纹，花期 5 月下旬
5 月下旬

花冠基部具紫色条纹　　　　　　　　　　花冠白色、上部具紫色斑，花期 4 月中旬　花冠基部具红色斑

同一植株花冠基部具绿色斑、紫色斑，花　花冠粉红色、基部具绿色斑，花期 9 月中旬　花冠基部有紫绿色斑，花期 9 月下旬
期 5 月中旬

花冠基部具紫色条纹与绿色斑

在同一地点有 2 种花色

花冠有无斑点对比，叶面

花冠有无斑点对比，叶背

叶面光亮（注：因为植株所处环境条件不同，如土壤含水量、空气湿度等，叶面表现不一）

叶平整

叶皱缩

植株矮、花冠白色（注：株高比较矮时已开花，为盆花选育提供选择基础）

株高仅 18cm 就开花的大白花杜鹃

植株矮，花冠粉红

香格里拉林中盛开的大白花杜鹃，具香味，株高 2.3m

疑似杂交种

高尚大白花杜鹃 *Rhododendron decorum* subsp. *diaprepes* (Balfour & W. W. Smith) T. L. Ming

在 *Flora of China*、《中国植物志》、*Hardy Rhododendron Species*：*A Guide to Identification* 等专著中为亚种 *Rhododendron decorum* subsp. *diaprepes*（Balfour & W. W. Smith）T. L. Ming；在《中国高等植物图鉴》《云南杜鹃花》中高尚杜鹃 *R. diaprepes* Balfour & W. W. Smith 是作为一个种。

本亚种与原种区别：叶片、花较大，雄蕊18～20枚。

分布于云南大理、丽江、维西、德钦等地海拔1 700～3 300m的混交林中，四川等地亦有分布。

花冠白色　　　　　　　　　花冠白色　　　　　　　　花冠粉色

不丹杜鹃 *Rhododendron griffithianum* Wight

常绿灌木或小乔木，株高1.3～10m。叶革质，长圆形至长圆状椭圆形，叶面绿色、无毛，叶背黄绿色、中脉突隆起。总状伞形花序顶生，具花4～6朵，花冠宽钟形，白色，雄蕊12～18枚。花期5～6月，果熟期9～10月。

为云锦杜鹃亚组中分布至喜马拉雅的种。分布于西藏南部等地海拔2 100～2 850m的针阔叶林及杜鹃灌丛中。

凉山杜鹃 *Rhododendron huianum* W. P. Fang

常绿灌木或小乔木，株高1~8m。叶革质，长圆状披针形至倒披针形，叶面绿色、无毛，叶背淡灰绿色。总状花序顶生，具花10~12朵，花冠宽钟形，淡紫色、暗红色，雄蕊12~14枚。花期5~6月，果熟期9~10月。

分布于云南彝良、大关、永善等地海拔1 700~2 100m的林中。贵州、四川亦有；分布在海拔1 300~2 700m的杂木林中。

花朵色泽淡雅美丽，在同海拔杜鹃种中花期较晚，可做育种材料。中国特有种。

亮叶杜鹃 *Rhododendron vernicosum* Franchet

常绿灌木或小乔木，株高2~6m。叶革质，长圆状椭圆形至椭圆形，叶面亮绿色、有光泽，叶背淡白绿色。总状花序顶生，具花6~12朵，花冠宽漏斗钟状，白色、粉红色至淡蔷薇色，雄蕊14枚。花期4~6月，果熟期10~11月。

分布于云南大理、巍山、丽江、香格里拉、德钦等地海拔2 800~4 000m的阳坡、沟谷及杂木、针叶林中。四川、西藏亦有。中国特有种。

亮叶杜鹃

亮叶杜鹃与川滇杜鹃

2.大叶杜鹃亚组Subsection *Grandia* Sleumer

乔木或大灌木，叶片大，树皮粗糙，雄蕊10～20枚。

翘首杜鹃 *Rhododendron protistum* Balfour & Forrest

《中国植物志》《中国杜鹃花属植物》称翘首杜鹃；《云南杜鹃花》称魁首杜鹃。

常绿乔木，株高5～10m。叶革质，长圆状披针形至长圆状倒披针形，叶面暗绿色、无毛、中脉凹陷，叶背被淡棕色柔毛。总状伞形花序顶生，具花20～30朵，花冠斜钟形，乳白色带蔷薇色，雄蕊16枚。花期5月，果熟期8月。

分布于云南腾冲、福贡、贡山等地海拔2 400～4 200m的针阔叶混交林及杜鹃林中。

大树杜鹃 *Rhododendron protistum* var. *giganteum* (Fagg) Chamberlain

　　杜鹃花属中最高大的种。常绿大乔木，株高可达30m。叶革质，椭圆形、长圆形至倒披针形，叶面深绿色、叶脉凹陷，叶背淡绿色、被淡黄棕色毛被。总状伞形花序顶生，具花20～28朵，花冠钟形，水红色，裂片8，雄蕊16枚。花期2～3月，果熟期9～11月。

　　分布于云南西北部腾冲、贡山等地海拔2 000～3 300m的混交林中。

　　1919年9月，傅礼士Forrest在腾冲高黎贡山发现3株高20余米的大树杜鹃，1921年再次到此处采集到花的标本（标本号13995），1931年采集茎标本至英国，把它定名为*R. giganteum* Forrest. ex Tagg；后Chamberlain将其降为翘首杜鹃*R. protistum*的变种。此树中国植物学家20世纪80年代以前一直没有采集到标本，直至1981年植物学家冯国楣等人在腾冲界头大塘河头村北边高黎贡山中再次找到。后在高黎贡山其他地方、喜马拉雅山脉等处均有发现。

"大树杜鹃王"上盛开的花朵

现在腾冲大塘被称为"大树杜鹃王"
的高约28m、基径围约3m的大树杜鹃
Rhododendron protistum var. *giganteum*

"大树杜鹃王"周边植被

"大树杜鹃王"附近的其他大树杜鹃 *Rhododendron protistum* var. *giganteum*

针、阔混交林中的大树杜鹃 *Rhododendron protistum* var. *giganteum*

花及叶形态、毛被

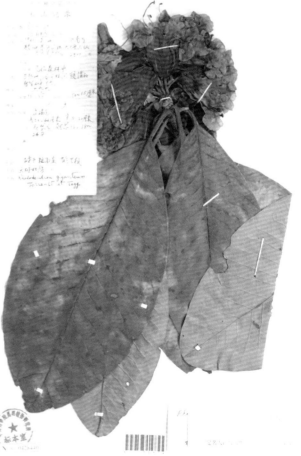

冯国楣采集的大树杜鹃 *Rhododendron protistum* var. *giganteum* 标本

213

3. 杯毛杜鹃亚组 Subsection *Falconera* Sleumer

乔木或灌木，叶片大，总状伞形花序顶生，具花10～30朵，雄蕊10～18枚。

革叶杜鹃 *Rhododendron coriaceum* Franchet

001

常绿灌木或小乔木，株高3～8m。叶革质，长圆状披针形至倒卵状披针形，叶面亮绿色，叶背灰白色、密被灰白色或淡黄褐色毛。总状伞形花序顶生，具花10～20朵，花冠漏斗状钟形，白色或白色带红色，基部具紫色斑，裂片5～7，雄蕊10～14枚。花期5～6月，果熟期10～11月。

分布于云南丽江、维西、德钦、福贡、贡山等地海拔2 700～3 200m的杂木林或杜鹃灌丛中。西藏等地亦有。中国特有种。

植株及毛被　　　　　　　　　　　　　　　　花序

复毛杜鹃 *Rhododendron preptum* Balfour & Forrest

002

常绿灌木或小乔木，株高5～7m。叶革质，倒卵状椭圆形，常密生于枝条顶端、假轮生，叶面绿色，叶背被淡黄褐色毛被。总状伞形花序顶生，具花12～20朵，花冠斜钟形，乳白色，基部具红色斑，裂片6～8，雄蕊16枚。花期5～6月。

分布于云南泸水、云龙、腾冲等地海拔3 000～3 200m的杂木林或杜鹃灌丛中。

大王杜鹃 *Rhododendron rex* H. Lèveillè

常绿大灌木至乔木，株高3~7m。叶厚革质，椭圆形、倒卵状椭圆形或倒卵状披针形，叶面深绿色、无毛，叶背被淡灰色至淡黄色毛被。总状伞形花序顶生，具花20~30朵，花冠筒状钟形，粉红色或蔷薇色，上部筒内具深红色斑点、基部具紫色斑块，裂片8，雄蕊16枚。花期4~6月，果熟期10月。

分布于云南巧家、禄劝、大姚、景东等地海拔2 200~4 400m的针阔叶林或杜鹃林中。四川等地也有分布。观赏价值高。

可爱杜鹃 *Rhododendron rex* subsp. *gratum* (T. L. Ming) Fang f. Comb

与大王杜鹃的区别：花冠无色点。

假乳黄杜鹃 *Rhododendron rex* subsp. *fictolacteum* (I. B. Balfour) D. F. Chamberlain

《中国植物志》《中国杜鹃花属植物》、*Hardy Rhododendron Species*：*A Guide to Identification* 把它作为大王杜鹃的亚种；《中国杜鹃花》作为一个种 *R. fictolacteum* I. B. Balfour & Forrest，中文名用棕背杜鹃。

花期5月，果熟期10月。与大王杜鹃的区别是叶背锈色或锈褐色。

分布于云南大理、漾濞、洱源、剑川、鹤庆、丽江、维西、香格里拉、德钦等地海拔2 500 ~ 4 100m的针阔叶林缘、林中或杜鹃林中。四川西南等地亦有分布。《中国植物志》《中国杜鹃花属植物》中的棕背杜鹃指的是 *R. alutaceum* I. B. Balfour & W. W. Smith.

4. 弯果杜鹃亚组 Subsection *Campylocarpa* Sleumer

灌木，叶片大，总状伞形花序顶生，具花5～15朵，雄蕊10枚。蒴果细长，弯弓形。

弯果杜鹃 *Rhododendron campylocarpum* J. D. Hooker

《中国植物志》《中国杜鹃花属植物》称弯果杜鹃；《中国杜鹃花》称美黄花杜鹃 *Rhododendron campylocarpum* J. D. Hooker。

常绿灌木，株高1～3m。叶革质，近圆形至阔椭圆形，叶面暗绿色、无毛，叶背淡绿色。总状伞形花序顶生，具花4～7朵，花冠钟形，淡黄色，雄蕊10枚。花期5～6月，果熟期10～11月。

分布于云南德钦、维西、福贡、贡山等地海拔3 000～3 800m的针叶林缘及杜鹃灌丛中。西藏亦有分布。

黄杯杜鹃 *Rhododendron wardii* W. W. Smith

《中国植物志》《中国杜鹃花属植物》、*Hardy Rhododendron Species：A Guide to Identification*将其放在弯果杜鹃亚组（Subsection *Campylocarpa*）中；《中国杜鹃花》《云南杜鹃花》将其放在碗花杜鹃亚组（Subsection *Souliea*）中。

常绿灌木或小乔木，株高4～7m。叶革质，长圆状椭圆形、阔卵状椭圆形，叶面暗绿色、无毛，叶背灰绿色或淡绿色。总状伞形花序顶生，具花4～14朵，花冠杯状，淡黄色或白色，基部有或无深红色斑块，雄蕊10枚。花期5～7月，果熟期10～11月。

分布于云南香格里拉、德钦、丽江、维西、禄劝等地海拔3 000～4 000m的针叶林、杜鹃灌丛、沟谷中及石岩坡上。西藏、四川亦有分布。金登·沃德1913年把黄杯杜鹃 *R. wardii* 引入英国。

观赏性很强的杜鹃黄花种，花蕾常常呈现红色，野生黄杯杜鹃单株花冠从浅黄色至黄色常有区别。

黄杯杜鹃生境

同一株上花蕾与开放后花冠的颜色

天宝雪山花蕾颜色

典型的杯状花型

天宝雪山花冠颜色

白茫雪山中的黄杯杜鹃

纯白杜鹃 *Rhododendron wardii* var. *puralbum* (I. B. Balfour & W.W.Smith) D. F. Chamberlain

与原种区别：叶片狭卵形。花冠白色，内面基部有或无红色斑点。

分布于云南香格里拉等地海拔3 400~4 600m的林下及杜鹃灌丛中。

5. 麻花杜鹃亚组 Subsection *Maculifera* Sleumer

中国特有亚组。

灌木或小乔木，树皮粗糙，总状伞形花序顶生，具花5~15朵，雄蕊10~12枚。

鹅马杜鹃 *Rhododendron ochraceum* Rehder & E. H. Wilson

常绿灌木，株高2~5m。叶革质，狭倒披针形，叶面绿色，叶背被淡棕色绒毛。总状花序伞形顶生，具花8~12朵，花冠宽钟状，深红色，雄蕊10~12枚。花期4~5月，果期10月。

分布于云南彝良、镇雄、大关、绥江、永善等地海拔1 800~2 100m的阔叶林及灌丛中。四川、陕西亦有分布。

绒毛杜鹃 *Rhododendron pachytrichum* Franchet

常绿灌木，株高1.5~5m。叶革质，狭长圆形、倒披针形或倒卵圆形，叶面绿色，叶背淡绿色，常数枚聚于枝顶呈轮生状，幼枝、叶柄被淡褐色粗毛。总状花序伞形顶生，具花5~10朵，花冠钟状，淡红色至白色，雄蕊10枚。花期4~5月，果期8~9月。叶有毒。

分布于云南彝良、永善等地海拔1 700~3 500m的针叶林中。四川亦有分布。

川西杜鹃 *Rhododendron sikangense* W. P. Fang

003

《中国杜鹃花》将其放在大理杜鹃亚组 Subsection *Taliensia* 中；《中国植物志》将其放在露珠杜鹃亚组 Subsection *Irrorata* 中；*Hardy Rhododendron Species：A Guide to Identification*、*The Genus Rhododendron, Its Classification & Synonymy*、《中国杜鹃花属植物》将其放在麻花杜鹃亚组 Subsection *Maculifera* 中。

常绿灌木或小乔木，株高2～5m。叶革质或薄革质，长圆状椭圆形、阔椭圆形，先端圆形、具尖头，叶面绿色，叶背淡绿色。总状花序伞形，具花8～12朵，花冠钟状，白色至淡紫红色，有或无紫红色斑点，雄蕊10枚。花期6～7月，果期9月。

分布于云南禄劝等地海拔3 000～4 200m的混交林及灌丛中。四川西部、西南部等地亦有分布。中国特有种。

优美杜鹃 *Rhododendron sikangense* var. *exquistum* (T. L. Ming) T. L. Ming

004

《中国植物志》称优美杜鹃；《中国杜鹃花》称优雅杜鹃 *Rhododendron sikangense* var. *exquistum*（T. L. Ming）T. L. Ming.

川西杜鹃 *R. sikangense* 的变种。*Hardy Rhododendron Species：A Guide to Identification*、《中国杜鹃花属植物》将其放在麻花杜鹃亚组 Subsection *Maculifera* 中；《中国杜鹃花》将其放在大理杜鹃亚组 Subsection *Taliensia* 中；《中国植物志》将其放在露珠杜鹃亚组 Subsection *Irrorata* 中。

常绿灌木或小乔木，株高3～6m。叶革质，椭圆形至宽椭圆形，叶面绿色，叶背淡绿色。总状伞形花序顶生，具花6～12朵，花冠钟形，白色至粉红色，有深红色斑点；雄蕊10枚。花期6月。

分布于云南禄劝、东川、巧家等地海拔3 360～4 500m的灌丛中。四川等地亦有分布。

6. 漏斗杜鹃亚组 Subsection *Selensia* Sleumer

灌木或小乔木，叶纸质或薄革质，总状伞形花序顶生，具花5～12朵，雄蕊10枚。

多变杜鹃 *Rhododendron selense* Franchet

《中国植物志》称多变杜鹃；《中国杜鹃花》称多色杜鹃 *Rhododendron selense* Franchet。

常绿灌木，株高1～2m。叶薄革质，长圆形至倒卵形，叶面暗绿色、叶背淡绿色。总状花序顶生，具花4～5朵，花冠钟状漏斗形，白色至淡红色，雄蕊10枚不等长。花期5～7月，果熟期11月。

分布于云南丽江、维西、德钦、贡山等地海拔3 300～3 800m流石坡及针叶林中。四川、西藏亦有分布。

毛枝多变杜鹃 *Rhododendron selense* subsp. *dasycladum* (I. B. Balfour & W. W. Smith) D. F. Chamberlain

《云南杜鹃花》称其为粗枝杜鹃，把它作为一个种 *Rhododendron dasycladum* I. B. Balfour & W. W. Smith。

与原种区别：幼枝、叶柄、花梗被毛。花期4～6月。

分布于云南香格里拉、德钦等地海拔2 700～3 600m的针叶林及杜鹃灌丛中。四川、西藏亦有分布。

粉背多变杜鹃 *Rhododendron selense* subsp. *jucundum* （I. B. Balfour & W. W. Smith）D. F. Chamberlain **003**

《中国植物志》《中国杜鹃花属植物》称粉背多变杜鹃（亚种）*Rhododendron selense* subsp. *jucundum*（I. B. Balfour & W. W. Smith）D. F. Chemberiain；《云南杜鹃花》确定为种，即和蔼杜鹃 *R. jucundum* I. B. Balfour & W. W. Smith。

与原种区别：叶片宽椭圆形，背面淡绿色。花期5～6月，果熟期10月。

分布于云南大理海拔2 700～3 900m的针叶林及杜鹃灌丛中。

---

7. 黏毛杜鹃亚组 Subsection *Glischra*（Tagg）D. F. Chamberlain

灌木或小乔木，树皮粗糙，总状伞形花序顶生，具花6～16朵，雄蕊10～15枚。

长粗毛杜鹃 *Rhododendron crinigerum* Franchet **001**

《中国植物志》《中国杜鹃花属植物》称长粗毛杜鹃；《中国杜鹃花》称刚毛杜鹃 *Rhododendron crinigerum* Franchet。

《中国杜鹃花》将其放在硬刺杜鹃亚组 Subsection *Barbata* 中；《中国植物志》《中国杜鹃花属植物》、*Hardy Rhododendron Species: A Guide to Identification*、*The Genus Rhododendron, Its Classification & Synonymy* 将其放在黏毛杜鹃亚组 Subsection *Glischra* 中。

常绿灌木，株高2～4m。叶革质，披针形或倒披针形，叶面绿色，叶背密背黄褐色或红褐色绒毛。总状伞形花序顶生，具花7～16朵，花冠钟形，白色至粉红色，基部具紫红色斑，雄蕊10枚。花期5～6月，果熟期10～11月。

分布于云南福贡、贡山、维西、德钦等地海拔2 700～3 800m的针叶林缘及杜鹃灌丛中。西藏、四川等地亦有分布。中国特有种。

黏毛杜鹃 *Rhododendron glischrum* I. B. Balfour & W. W. Smith

《中国杜鹃花》将其放在硬刺杜鹃亚组 Subsection *Barbata* 中；《中国植物志》《中国杜鹃花属植物》、*Hardy Rhododendron Species：A Guide to Identification* 将其放在黏毛杜鹃亚组 Subsection *Glischra* 中。

常绿灌木，株高3～8m。叶近革质，长圆形或倒披针形，叶面亮绿色略有皱纹，叶背浅绿色。总状伞形花序顶生，具花10～12朵，花冠钟形，粉红色，基部具紫红色斑，雄蕊10枚。花期5～6月，果熟期9～10月。

分布于云南丽江、维西、贡山等地海拔2 500～3 300m的针叶林缘及针阔混交林中。西藏等地亦有分布。

8.露珠杜鹃亚组 Subsection *Irrorata* Sleumer

灌木或小乔木，总状伞形花序顶生，具花2～20朵，雄蕊10～12枚。

蝶花杜鹃 *Rhododendron aberconwayi* Cowan

常绿灌木，株高1～3.5m。叶厚革质，椭圆状卵形或长圆椭圆形，叶面暗绿色，叶背淡绿色。总状伞形花序顶生，具花6～12朵，花冠碗形或杯状，白色或淡蔷薇色，萼筒上方具少量紫红色斑，雄蕊10枚、不等长。花期4～5月，果期9～10月。

分布于云南昆明、安宁、富民、武定、宣威等地海拔1 500～2 500m的灌木丛坡地中。中国特有种。

迷人杜鹃

Rhododendron agastum I. B. Balfour & W. W. Smith

《中国植物志》、*Flora of China*、《中国杜鹃花属植物》称迷人杜鹃；《中国杜鹃花》称水红杜鹃*Rhododendron agastum* I. B. Balfour & W. W. Smith。

常绿灌木或小乔木，株高2~7m。叶革质，长圆形、长圆状椭圆形或长圆状倒卵形，叶面绿色，叶背淡绿色被淡褐黄色薄绒毛。总状花序顶生，具花10~18朵，花冠筒状钟形，蔷薇色至水红色；雄蕊10~14枚。花期3~5月，果熟期10~11月。

分布于云南大理、漾濞、永平、腾冲、凤庆等地海拔1 500~2 900m的杂木林中；贵州等地亦有分布。常与马缨杜鹃混生。

色彩艳丽，具很高的观赏价值。

光柱迷人杜鹃 *Rhododendron agastum* var. *pennivenium* I. B. Balfour & Forrest

Flora of China、《中国植物志》《中国杜鹃花属植物》称光柱迷人杜鹃 *Rhododendron agastum* var. *pennivenium* I. B. Balfour & Forrest；《中国杜鹃花》将其单独为一个种羽脉杜鹃 *R. pennivenium* Balf. f. et Forrest。

与迷人杜鹃 *R. agastum* 的区别：叶片较窄，花柱光滑。

疑似杂交种

滇西桃叶杜鹃 *Rhododendron annae* subsp. *laxiflorum* (I. B. Balfour & Forrest) T. L. Ming

《中国植物志》《云南植物志》《中国杜鹃花属植物》称滇西桃叶杜鹃（亚种）*Rhododendron annae* subsp. *laxiflorum*（I. B. Balfour & Forrest）T. L. Ming；《中国杜鹃花》称疏花桃叶杜鹃。

常绿灌木，株高2~5m。叶革质，长圆状椭圆形至倒披针形。花冠宽钟形，白色至粉红色，无斑。花期5~6月，果熟期10~11月。

分布于云南景东、凤庆、龙陵、腾冲等地海拔2 100~3 100m的阔叶林中。贵州等地亦有分布。

团花杜鹃 *Rhododendron anthosphaerum* Diels

常绿灌木或小乔木，株高2～9m。叶簇生于枝顶，革质，阔披针形或倒披针形，叶面深绿色、无毛，叶背淡绿色或淡黄绿色。短总状伞形花序顶生，具花10～13朵，花冠筒状钟形，蔷薇色至深红色，花冠基部具紫黑色斑，雄蕊10～14枚。花期4～5月，果熟期10～11月。

分布于云南漾濞、鹤庆、丽江、维西、香格里拉、德钦、腾冲、云龙、福贡、贡山等地海拔2 700～3 400m的山坡、阔叶林、针叶林及杜鹃灌丛中。四川、西藏亦有分布。

窄叶杜鹃 *Rhododendron araiophyllum* I. B. Balfour & W. W. Smith

《中国杜鹃花》称秀雅杜鹃；《中国植物志》《中国杜鹃花属植物》称窄叶杜鹃 *Rhododendron araiophyllum* I. B. Balfour & W. W. Smith。

常绿灌木，株高1～5m。叶革质，披针形，叶面绿色、无毛，叶背淡绿色或淡褐色、幼时被绒毛。总状伞形花序顶生，具花5～12朵，花冠宽钟状，白色至淡玫瑰色，花冠基部具深红斑块，雄蕊10枚。花期5～6月，果熟期10～11月。

分布于云南盈江、腾冲、云龙、泸水、福贡等地海拔2 400～3 400m阔叶林、针叶林及杜鹃灌丛中。

蜡叶杜鹃 *Rhododendron lukiangense* Franchet

007

《中国植物志》《云南植物研究》《中国杜鹃花属植物》称蜡叶杜鹃；《中国杜鹃花》称淡红杜鹃 *Rhododendron lukiangense* Franchet。

《中国植物志》《中国杜鹃花属植物》等中淡红杜鹃指的是映山红组中的 *R. rhodanthum* M. Y. Hu。

常绿灌木，株高2~3m。叶薄革质，长圆状披针形或倒披针形，叶面暗绿色，叶背淡绿色。总状伞形花序顶生，具花7~13朵，花冠筒状钟形，淡红色或淡紫红色，具紫红色斑点，雄蕊10枚。花期3~5月，果熟期10月。

分布于云南丽江、兰坪、维西、福贡、贡山、香格里拉、德钦海拔2 600~3 500m的灌木丛及针阔叶林中。四川、西藏亦有分布。中国特有种。

露珠杜鹃 *Rhododendron irroratum* Franchet

008

常绿灌木或小乔木，株高2~8m。叶革质，披针形、倒披针形或狭椭圆形，边缘多少呈波状，叶面淡绿色，叶背色淡。总状伞形花序顶生，具花12~15朵，花冠筒状钟形，白色、乳黄色至粉红色，花冠斑点从无至多，淡红色、绿色、褐色，雄蕊10枚。花期3~5月，果熟期10月。

分布于云南师宗、嵩明、寻甸、石林、富民、武定、易门、大姚、南涧、巍山、漾濞、永平、凤庆、景东、腾冲、宾川、洱源、剑川、鹤庆、丽江等地海拔1 700~3 500m的灌木丛及针、阔叶林中。四川、贵州亦有分布。中国特有种。

（《中国杜鹃花属植物》记载国外部分栽培的无斑露珠杜鹃为源自 *R. ningyuenense* Handel-Mazzetti 的种子苗。*R. ningyuenense* 在《中国杜鹃花》中中文名为西昌杜鹃。）

　　此种自然分布中种内、种间杂交及变异极其丰富，斑点的多少、花色从黄到红的不同过渡等，从园艺学的角度出发可以选出无数的园艺品种。

花冠白色粉红色斑点大小、色泽深浅、多少等比较　　　　斑点有无比较

花冠白色紫色斑点　　　　　　花冠白色紫色斑点深　　　　　　花冠下部白色

花冠下部黄色

花冠下部黄色 　　　　花冠下部浅黄色 　　　　花冠白色斑点

花冠粉白色 　　　　花冠乳白色，斑点少 　　　　花冠乳白色，斑点多

花冠乳白色，斑点密集 　　　　花冠乳白色，斑点密集 　　　　黄色斑

斑点少 　　　花萼颜色、大小 　　　花萼颜色、大小 　　　粉红色露珠杜鹃

花冠粉红色深浅不一，斑点多少、颜色不一

斑点多少比较　　　　　　　　　　　　　　　　　　　　　红花露珠

无斑点露珠杜鹃

疑似大白花杜鹃与露珠杜鹃的杂交种

红花露珠杜鹃 *Rhododendron irroratum* subsp. *pogonostyium*（I. B. Balfour et W. W. Smith）D. F. Chamberlain　**009**

　　《中国植物志》、*Flora of China*、《中国杜鹃花属植物》称红花露珠杜鹃（亚种）*Rhododendron irroratum* subsp. *pogonostyium*（I. B. Balfour et W. W. Smith）D. F. Chamberlain；《中国杜鹃花》把它作为一个种——须柱杜鹃 *R. pogonostyium* I. B. Balfour et W. W. Smith；《中国植物志》《云南植物研究》将其归在光柱迷人杜鹃 *R. agstum* var. *pennivenium* 变种中。

　　花冠淡红色至深粉红色。

　　分布于云南昆明、禄劝、寻甸、澄江、蒙自、师宗等地海拔1 700~3 000m的灌木丛及针、阔叶林中。贵州等地亦有分布。

常与马缨花生长在同一区域

色泽深浅、斑点多少等不一

光柱杜鹃 *Rhododendron tanastylum* I. B. Balfour & Kingdon

010

　　《中国植物志》《中国杜鹃花属植物》、*The Genus Rhododendron, Its Classification & Synonymy*、*Hardy Rhododendron Species：A Guide to Identification* 等把《中国杜鹃花》中的苍背杜鹃 *R. cerochitum* I. B. Belfour & Forrest 归并在了光柱杜鹃 *R. tanastylum* 中。

　　常绿灌木或小乔木，株高2~5m。叶革质，椭圆状披针形至椭圆形；叶面绿色、叶背淡绿色。总状伞形花序顶生，具花4~8朵，花冠漏斗状钟形，粉红至深红色，有深紫色斑；雄蕊10枚。花期3~5月。

　　分布于云南维西、泸水、易门、双柏等地海拔1 700~3 300m的杂木林缘及林中。

　　灌木或小乔木，叶革质，叶背银白色或灰白色，总状伞形花序顶生，具花4~20朵，雄蕊10~15枚。

银叶杜鹃 *Rhododendron argyrohyllum* Franchet

001

　　常绿灌木至小乔木，株高2~5m。叶革质、长圆状披针形，边缘微反卷；叶面绿色、无毛，叶背被白色绒毛。总状伞形花序顶生，具花6~14朵，花冠钟形，白色至浅粉红色；雄蕊12~14枚。花期4~6月，果熟期10~11月。

　　分布于云南彝良、昭通、巧家、大关、永善、镇雄等地海拔1 900~2 800m的杂木林中。贵州、四川、湖北、陕西等地亦有分布。

灰叶杜鹃 *Rhododendron coryanum* Tagg & Forrest

《云南杜鹃花》称灰叶杜鹃；《中国植物志》《中国杜鹃花属植物》称光蕊杜鹃 *Rhododendron coryanum* Tagg & Forrest。

常绿灌木，株高2～3m。叶革质，长圆状椭圆形至披针形，叶面绿色，叶背被灰白色毛被。总状伞形花序顶生，具花15～20朵，花冠钟形或漏斗状钟形，白色，具紫红色斑点；雄蕊10～12枚。花期5月，果熟期10月。

分布于云南维西、贡山等地海拔2 600～3 700m的灌丛或杂木林中。西藏等地亦有分布。

皱叶杜鹃 *Rhododendron denudatum* Lèveillè

《中国植物志》《云南植物志》《中国杜鹃花》将其作为一个种；《中国杜鹃花属植物》将其作为繁花杜鹃 *R. floribundum* 的变种（皱叶杜鹃 *Rhododendron floribundum* var. *denudatum*）。

常绿灌木至小乔木，株高2～6m。叶革质，长卵状披针形至椭圆状披针形；叶面绿色，具明显皱纹。总状伞形花序顶生，具花8～10朵，花冠钟状，蔷薇色；雄蕊10～13枚。花期4～5月，果期8～9月。

分布于云南东川、彝良、大关、镇雄等地海拔1 850～3 300m的沟谷、山坡杂木林中。四川、贵州等地亦有分布。

繁花杜鹃 *Rhododendron floribundum* Franchet

《中国植物志》称繁花杜鹃 *Rhododendron floribundum* Franchet。

常绿灌木至小乔木，株高2～5m。叶厚革质，长圆状披针形或倒披针形；叶面绿色、无毛，叶背被灰白色绒毛。总状伞形花序顶生，具花8～12朵，花冠钟形或阔钟形，粉紫红色至粉红色；雄蕊10枚。花期4月，果熟期8～9月。

分布于云南大关、绥江、彝良、永善等地海拔1 400～2 700m的杂木林中或岩石上。贵州、四川等地亦有分布。

《中国杜鹃花》中的繁花杜鹃 *R. florulentum* 与《中国杜鹃花属植物》的繁花杜鹃是2个不同的种：《中国杜鹃花》中的繁花杜鹃 *R. florulentum* 是映山红亚属中的另一个种；《中国杜鹃花属植物》中的 *R. florulentum* 中文名是大埔杜鹃。

10. 树形杜鹃亚组 Subsection *Arborea* Sleumer

乔木，树皮粗糙，叶革质，总状伞形花序顶生，具花10～25朵，雄蕊10～15枚。

马缨花 *Rhododendron arboreum* subsp. *delavayi* (Franchet) D. F. Chamberlain

《中国植物志》《中国杜鹃花》将其作为种；《中国杜鹃花属植物》、*The Genus Rhododendron, Its Classification & Synonymy* 作为树形杜鹃的变种；*Hardy Rhododendron Species：A Guide to Identification*将其作为亚种。

常绿灌木至乔木，株高2～15m。叶革质，长圆状披针形或长圆状倒披针形，边缘微反卷；叶面深绿色、幼时被毛，叶背被灰白色至浅棕色绒毛。总状球形花序顶生、具花10～20朵，花冠钟形，近肉质，深红色花，有或无紫色斑点；花柱无毛；雄蕊10枚。花期3～5月，果熟期10～11月。

广布于云南镇雄、彝良、宣威、西畴、广南、文山、砚山、寻甸、嵩明、昆明、禄劝、富民、易门、双柏、大姚、楚雄、新平、南涧、大理、漾濞、洱源、丽江、永胜、永平、云龙、巍山、隆阳、腾冲等地海拔1 200～3 300m的山坡、沟谷中。贵州、广西等地亦有分布。

花可药用。野生种内花色的深浅，斑点深浅、有无及自然杂交类型很多，可选育出不同的园艺类型（品种）。

生境

花冠无斑点　　　　　　　　　　　　花冠无斑点植株开花状况

叶脉凹陷明显　　　　　　　叶脉凹陷明显　　　　叶脉较平整

花冠斑点多

花冠斑点红色

花冠斑点颜色深

花冠上的斑点在花冠外都显现出来

花冠红色深浅不一

花色浅

马缨花斑点对比

蜜蜂传粉

花冠无斑点

花冠无斑点

花冠无斑点，边缘皱褶

植株自然状态下株形差异

植株自然状态下株形差异

无斑点植株

植株自然状态下株形差异

狭叶马缨花 *Rhododendron arboretum* var. *peramoenum* (I. B. Balfour & Forrest) D. F. Chamberlain

《中国杜鹃花属植物》、*The Genus Rhododendron, Its Classification & Synonymy* 称狭叶马缨花（变种）*Rhododendron arboretum* var. *peramoenum*（I. B. Balfour & Forrest）D. F. Chamberlain；《中国高等植物图鉴》中文名为悦人杜鹃；《中国杜鹃花》用发表人当年把马缨花作为一个种的观点，即 *R. peramoenum* I. B. Balfour & Forrest。

与马缨花主要区别：叶形狭长，花鲜艳些。

狭叶马缨花

疑似狭叶马缨花杂交种

狭叶马缨花腊叶标本

245

11. 大理杜鹃亚组 Subsection *Taliensia* Sleumer

灌木或乔木，叶革质，总状伞形花序顶生，具花10～20朵，雄蕊10～14枚。

腺房杜鹃 *Rhododendron adenogynum* Diels.

常绿灌木，株高1～3m。叶厚革质，长圆状披针形至长圆状卵形，先端尖或渐尖，叶面暗绿色、无毛，叶背被淡黄褐色至锈红色海绵状绒毛。总状伞形花序顶生，具花8～12朵，花冠漏斗状钟形，白色至粉红色，具深红色斑点，雄蕊10枚。花期5～7月，果熟期11月。

分布于云南丽江、香格里拉、德钦等地海拔3 400～4 300m的针叶林下、林缘及杜鹃灌丛中。西藏、四川等地亦有分布。中国特有种。

腺房杜鹃

雪山杜鹃 *Rhododendron aganniphum* I. B. Balfour & Kingdon Ward

《中国植物志》《中国杜鹃花属植物》称雪山杜鹃；《中国杜鹃花》称白雪杜鹃；《云南植物志》《西藏植物志》称海绵杜鹃 *Rhododendron aganniphum* I. B. Balfour & Kingdon Ward。

常绿灌木，株高0.5～4m。叶厚革质，长圆形至卵状披针形，先端钝或急尖，叶面深绿色、无毛，叶背密被毛被，白色至淡黄白色。总状伞形花序顶生，具花10～20朵，花冠漏斗状钟形，白色至淡红色，具深红色斑点，雄蕊10枚。花期6～7月，果熟期11月。

分布于云南香格里拉、德钦等地海拔3 200～4 200m的针叶林下及林缘。西藏、四川等地亦有分布。

黄毛雪山杜鹃 *Rhododendron aganniphum* var. *flavorufum* (I. B. Balfour & Forrest) D. F. Chamberlain

《中国植物志》称黄毛雪山杜鹃（变种）*Rhododendron aganniphum* var. *flavorufum*（I. B. Balfour & Forrest）D.F.Chamberlain；《中国杜鹃花》称黄毛白雪杜鹃；《云南植物志》《西藏植物志》称黄色海绵杜鹃 *R. flavorufum* I. B. Balfour & Forrest。

与原变种区别：叶背毛被初为淡黄褐色，成熟后变成深红褐色，呈不规则块状。

分布于云南香格里拉、维西、德钦等地海拔3 200～4 300m的林缘及灌丛中。西藏东南部、南部亦有分布。

裂毛雪山杜鹃 *Rhododendron aganniphum* var. *schizopeplum* (I. B. Balfour & Forrest) T. L. Ming

与原变种区别：叶背被2层毛被，上层淡棕色，毛被较原种薄。

分布于云南德钦等地海拔3 500～4 500m的林缘及灌丛中。西藏东南部等地亦有分布。

粉钟杜鹃 *Rhododendron balfourianum* Diels

《中国植物志》《云南植物志》《中国杜鹃花属植物》称粉钟杜鹃；《中国杜鹃花》称腺萼杜鹃；《云南杜鹃花》称大理腺萼杜鹃。

常绿灌木，株高1～4m。叶革质，长圆状椭圆形或卵状披针形，叶面绿色，叶背被银灰色至褐色毛被。总状伞形花序顶生，具花5～7朵，花冠漏斗状钟状，淡粉红色至粉紫色，内面具深红色斑点，雄蕊10枚。花期5～7月，果熟期10月。

分布于云南大理、香格里拉等地海拔3 300～4 600m的针叶林缘或灌丛中。四川亦有分布。中国特有种。

白毛粉钟杜鹃 *Rhododendron balfourianum* var. *aganniphoides* Tagg & Forrest

与原种主要区别：叶背面毛密被白色至黄白色绵毛状绒毛。

分布于云南香格里拉、德钦等地海拔3 500～4 100m的林缘或灌丛中。四川亦有分布。

宽钟杜鹃 *Rhododendron beesianum* Diels

《中国植物志》《中国杜鹃花属植物》、*Hardy Rhododendron Species：A Guide to Identification* 将其放在大理杜鹃亚组Subsection *Taliensia*中；《中国杜鹃花》将其放在扩散杜鹃亚组中 Subsection *Lactea* 中。

常绿灌木至小乔木，株高3～7m。叶革质，长圆状披针形或狭倒披针形，先端渐尖，叶面深绿色、无毛，叶背被淡黄色至褐色绒毛。总状伞形花序顶生，具花10～25朵，花冠宽钟状，白色至蔷薇色，具深红色斑点，雄蕊10枚。花期4～6月，果熟期9～11月。

分布于云南丽江、鹤庆、香格里拉、维西、德钦、贡山、福贡、宁蒗等地海拔3 200～4 000m的针叶林下及林缘。西藏、四川等地亦有分布。

锈红毛杜鹃 *Rhododendron bureavii* Franchet

《云南植物志》称锈红毛杜鹃；《中国植物志》称锈红杜鹃 *Rhododendron bureavii* Franchet。

常绿灌木至小乔木，株高3～6m。叶厚革质，宽椭圆形至倒卵状椭圆形；叶面绿色，叶脉凹陷；叶背密被锈红色绵毛。总状伞形花序顶生，具花10～15朵；花冠钟状，淡红色或白色，内有深色斑点，雄蕊10枚。花期5～6月，果熟期9～10月。

分布于云南禄劝、鹤庆、洱源、会泽等地海拔3 100～4 000m的林缘及灌丛中。四川等地亦有分布。中国特有种。

《中国植物志》中 *Rhododendron bureavii* 和高山杜鹃亚组Subsection *Lapponica*中的 *Rhododendron complexum* 中文名都叫锈红杜鹃，本书用锈红毛杜鹃。

粗脉杜鹃 *Rhododendron coeloneuron* Diels

常绿灌木或小乔木，株高2～8m。叶革质，倒披针形至长圆状椭圆形，叶面绿色，中脉和侧脉凹陷，叶背灰白色。伞形花序顶生，具花5～10朵，花冠漏斗状钟形，淡粉红色、淡粉紫红色，具紫色斑点，雄蕊10枚。花期4～6月，果熟期9～10月。

分布于云南东川等地海拔3 000～3 200m的林缘及石岩上。四川、重庆、贵州等地亦有分布。

《中国植物志》、*Hardy Rhododendron Species: A Guide to Identification* 将其放在大理杜鹃亚组 Subsection *Taliensia* 中；《中国杜鹃花属植物》将其放在银叶杜鹃亚组 Subsection *Argyrophylla* 中，学名为 *R. coeloneurum*。

落毛杜鹃 *Rhododendron detonsum* I. B. Balfour & Forrest

常绿灌木，株高2～4m。叶革质，长圆形或长圆状椭圆形，先端有小尖头，叶面深绿色、无毛，叶背被淡黄褐色易擦落卷毛。疏松总状花序顶生，具花6～10朵；花冠漏斗状钟形，淡红色，具深红色斑点，雄蕊10～14枚。花期4～6月，果熟期10～11月。

分布于云南丽江、鹤庆等地海拔3 000～3 800m的针叶林下及灌木丛中。

据《中国植物志》第五十七卷第二分册载：本种与腺房杜鹃 *R. adenogynum* Diels 相近，但叶背毛疏松、易脱落，花萼小，花冠5～7裂，雄蕊10～14枚与腺房杜鹃不同。D. F. Chamberlain认为本种应为腺房杜鹃的杂交种。

疏毛杜鹃 *Rhododendron dignabile* Cowan

常绿灌木，株高1~5m。叶革质，长圆状椭圆形，叶面绿色、无毛，叶背褐色。总状伞形花序顶生，具花7~15朵；花冠漏斗状钟形，淡红色、白色或淡黄色，内面或无红色斑点或斑块，雄蕊10枚。花期5~6月，果熟期9~10月。

分布于西藏海拔3 170~3 550m的冷杉林下或杜鹃灌丛中。

乳黄杜鹃 *Rhododendron lacteum* Franchet

《中国植物志》《中国杜鹃花属植物》、*Hardy Rhododendron Species：A Guide to Identification* 将其放在大理杜鹃亚组Subsection *Taliensia*中；《中国杜鹃花》将其放在扩散杜鹃亚组 Subsection *Lactea* 中。

常绿灌木或小乔木，株高1.5~8m。叶厚革质，长圆状椭圆形，叶面绿色，叶背密被黄棕色绒毛。总状伞形花序顶生，具花15~20朵，花冠宽钟形，乳白色至淡黄色，雄蕊10枚。花期5~6月，果熟期10~11月。

分布于云南禄劝、大理、漾濞、鹤庆等地海拔3 000~3 900m的针叶林下或杜鹃灌丛中。中国特有种。

花色典雅，是园林应用及品种培育的良好材料。

生境

植株

花蕾　　　　花蕾　　　　叶背颜色　　　　枝干及叶柄颜色

花冠边缘波状

植株及花序

栎叶杜鹃 *Rhododendron phaeochrysum* I. B. Balfour et W. W. Smith

《中国植物志》《中国杜鹃花属植物》称栎叶杜鹃；《中国杜鹃花》称褐黄杜鹃 *Rhododendron phaeochrysum* I. B. Balfour et W. W. Smith。

《中国植物志》《中国杜鹃花属植物》、*Hardy Rhododendron Species：A Guide to Identification* 将其放在大理杜鹃亚组 Subsection *Taliensia* 中；《中国杜鹃花》将其放在扩散杜鹃亚组中 Subsection *Lactea* 中。

常绿灌木，株高2～5m。幼枝被白色毛。叶革质，长圆状椭圆形或狭长圆状卵形，叶面深绿色，叶背密被淡黄褐色毛。总状伞形花序顶生，具花8～15朵；花冠漏斗状钟形，白色至粉红色，具深红色斑点，雄蕊10枚。花期4～6月，果熟期9～11月。

分布于云南丽江、香格里拉、维西、德钦等地海拔3 200～4 200m的针叶林林缘及灌木丛中。四川、西藏亦有分布。中国特有种。

凝毛杜鹃 *Rhododendron phaeochrysum* var. *agglutinatum* (I. B. Balfour & W. W. Smith) D. F. Chamberlain　014

《中国植物志》《云南植物志》《中国杜鹃花》称凝毛杜鹃（变种）；《西藏植物志》《中国杜鹃花属植物》称凝毛栎叶杜鹃 *Rhododendron phaeochrysum* var. *agglutinatum*（I. B. Balfour & W. W. Smith）D. F. Chamberlain。

与原种区别：幼枝无毛，株形较矮、叶较小。花期5～6月，果期10～11月。

分布于云南丽江、香格里拉、维西、德钦等地海拔3 000～4 800m的针叶林下、林缘、草坡及杜鹃林中。四川、西藏亦有分布。

毡毛栎叶杜鹃 *Rhododendron phaeochrysum* var. *levistratum* (I. B. Balfour & Forrest) D. F. Chamberlain　015

与原种区别：叶及花冠较小，叶背被分枝绒毛。花期5～6月，果熟期9～10月。

分布于云南丽江、香格里拉、德钦等地海拔3 000～4 450m的针叶林下、林缘及杜鹃林中。四川亦有分布。

藏南杜鹃 *Rhododendron principis* Bureau & Forrest

016

《中国植物志》称藏南杜鹃；《西藏植物志》称紫斑杜鹃。

常绿灌木至小乔木，株高1~2.5m。叶革质，长圆状倒椭圆形至长圆状椭圆形，先端钝或急尖，叶面亮绿色，中脉微凹，叶背被灰白色海绵状毛被。总状伞形花序顶生，具花8~12朵；花冠漏斗状钟形，粉红色，具红紫色斑点，雄蕊10枚。花期5~6月，果熟期9月。

分布于西藏察隅、波密、八宿、错那等地海拔3 200~4 300m的杜鹃灌丛中。

陇蜀杜鹃 *Rhododendron przewalskii* Maximowicz

017

常绿小灌木，株高1~3m。叶革质，卵状椭圆形至长圆形，先端钝有小尖头，叶面深绿色，中脉微凹，叶背被毛被。总状伞形花序顶生，具花10~15朵；花冠钟形或漏斗状钟形，白色、淡红色或粉红色，具红紫色斑点，雄蕊10枚。花期6~7月，果熟期9月。

分布于四川、青海、陕西、甘肃等地海拔2 900~4 300m的杜鹃灌丛或林地中。

卷叶杜鹃 *Rhododendron roxieanum* Forrest

　　常绿灌木，株高1～3m。叶厚革质，狭披针形、倒披针形，先端有小尖头，叶面深绿色，叶背被毛被。总状伞形花序顶生，具花10～15朵；花冠钟形或漏斗状钟形，白色、白色带红色或粉红色，具紫红色斑点，雄蕊10枚。花期6～7月。

　　分布于云南大理、剑川、福贡、维西、香格里拉、德钦等地海拔3 500～4 400m的杜鹃灌丛中。四川、西藏、陕西、甘肃亦有分布。中国特有种。

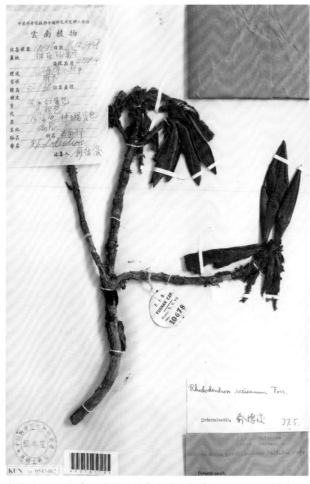

俞德浚1937年在云南维西采集的卷叶杜鹃 *R. roxieanum* 腊叶标本

卷叶杜鹃 *R. roxieanum*（白马雪山）

卷叶杜鹃 *R. roxieanum*（西藏）

卷叶杜鹃 *R. roxieanum*（西藏）

线叶卷叶杜鹃 *Rhododendron roxieanum* var. *oreonastes* (I. B. Balfour & Forrest) T. L. Ming

《中国植物志》称线叶卷叶杜鹃（变种）；《中国杜鹃花》中文名为线叶杜鹃 *Rhododendron roxieanum* var. *oreonastes*（I. B. Balfour & Forrest）T. L. Ming；《中国杜鹃花属植物》把它归入卷叶杜鹃中。

分布于云南丽江、维西、德钦等地海拔3 600～4 200m的针叶林或杜鹃灌丛中。

兜尖卷叶杜鹃 *Rhododendron roxieanum* var. *cucuillatum* (Handel-Mazzetti) D. F. Chamberlain

与原种主要区别：叶片较宽，叶被毛被有时变淡，多少脱落。花期6~7月，果熟期10~11月。

分布于云南大理、剑川、香格里拉、德钦、福贡等地海拔3 500~4 300m的高山草地及杜鹃灌丛中。四川、西藏亦有分布。

大理杜鹃 *Rhododendron taliense* Franchet

常绿灌木，株高1~4m。叶厚革质，长圆状卵形至阔披针形，叶面暗绿色、无毛，叶背被黄褐色绒毛。总状伞形花序顶生，具花10~15朵；花冠漏斗状钟形，乳黄色至乳白色带粉红色或淡红色，雄蕊10枚。花期5~6月，果熟期11月。

分布于云南大理、丽江、福贡等地海拔3 200~4 100m的针叶林下、林缘及杜鹃灌木丛、石坡及高山草地中。中国特有种。

川滇杜鹃 *Rhododendron traillianum* Forrest & W. W. Smith

022

《中国植物志》《中国杜鹃花属植物》、*Hardy Rhododendron Species：A Guide to Identification* 将其放在大理杜鹃亚组 Subsection *Taliensia* 中；《中国杜鹃花》将其放在扩散杜鹃亚组 Subsection *Lactea* 中。

　　常绿灌木或小乔木，株高2～10m。叶革质，椭圆形至长圆状倒披针形或披针形，叶面暗绿色、无毛，叶背被黄褐色或黄绿色绒毛。总状伞形花序顶生，具花10～15朵；花冠漏斗状钟形，白色带粉红色或蔷薇色，雄蕊10枚。花期4～6月，果熟期10～11月。

　　分布于云南丽江、宁蒗、香格里拉、德钦等地海拔3 400～4 100m的林缘、针叶林下、林缘及杜鹃灌木丛中。四川等地亦有分布。

棕背川滇杜鹃 *Rhododendron traillicrum* var. *dactyotum* (I. B. Balfour et Tagg) D. F. Chamberlain

《中国植物志》《云南植物志》称棕背川滇杜鹃（变种）；《西藏植物志》称长叶川滇杜鹃 *Rhododendron traillicrum* var. *dactyotum*（I. B. Balfour et Tagg）D. F. Chamberlain。

与原变种区别：叶片较原变种大、先端渐尖、有小尖头，叶背被红棕色毛。

分布于云南丽江、维西、香格里拉、德钦等地海拔3 300～4 150m的林缘、针叶林下及杜鹃灌木丛中。西藏等地亦有分布。

12. 镰果杜鹃亚组 Subsection *Fulva* Sleumer

灌木或小乔木，叶革质，总状伞形花序顶生，具花8~20朵，雄蕊10枚。

镰果杜鹃 *Rhododendron fulvum* Balf. f. et W. W. Sm

常绿灌木至小乔木，株高3~8m。叶革质，倒卵形至阔倒披针形，叶面暗绿色无毛，叶背被黄褐色或灰白色毡状或棉状毛。总状伞形花序顶生，具花10~20朵，花冠漏斗状钟形，白色、粉红色或浅蔷薇色，基部被深红色斑；雄蕊10枚，不等长。花期4~5月，果熟期10~11月。

分布于云南鹤庆、丽江、维西、德钦、贡山、碧江、云龙、腾冲等地海拔2 700~3 600m的杂木林中及坡地、沟谷、山脊上。西藏、四川等地亦有分布。中国特有种。

紫玉盘杜鹃 *Rhododendron uvarifolium* Diels

常绿灌木至小乔木，株高4~8m。叶革质，狭倒披针形，叶面深绿色无毛，叶背被银白色毡毛。总状伞形花序顶生，具花6~18朵，花萼小，花冠漏斗状钟形，淡红色，基部被深红色斑；雄蕊10枚，不等长。花期4~5月，果熟期10~11月。

分布于云南鹤庆、丽江、永胜、宁蒗、维西、德钦、贡山等地海拔2 500~3 600m的杂木林中及林缘、坡地、沟谷及杜鹃林中。西藏等地亦有分布。中国特有种。

紫玉盘杜鹃 *Rhododendron uvarifolium* Diels

14. 朱红杜鹃组 Subsection *Griersoniana* D. F. Chamberlain

灌木，叶革质，总状伞形花序顶生，具花5~12朵，雄蕊10枚。

朱红大杜鹃 *Rhododendron griersonianum* I. B. Balfour & Forrest

常绿灌木，株高1.5~3m。叶革质，狭长圆形至披针形，叶面绿色；叶背黄绿色。总状伞形花序顶生，具花5~12朵，花冠漏斗形，朱红色至亮红色，上方具深红色斑点，雄蕊10枚。花期5~6月，果熟期翌年2~3月。

分布于云南腾冲等地海拔1 680~2 700m的针阔混交林或灌丛中。

15. 星毛杜鹃亚组 Subsection *Parishia* Sleumer

灌木或小乔木，叶薄革质，花序顶生，具花5~15朵，雄蕊10枚。

绵毛房杜鹃 *Rhododendron facetum* I. B. Balfour & Kingdon Ward

《中国植物志》《中国杜鹃花属植物》称绵毛房杜鹃；《中国杜鹃花》称文雅杜鹃 *Rhododendron facetum* I. B. Balfour & Kingdon Ward。

《中国植物志》《中国杜鹃花属植物》、*Hardy Rhododendron Species：A Guide to Identification*、*The Genus Rhododendron, Its Classification & Synonymy* 将其放在星毛杜鹃亚组 Subsection *Parishia* 中；《中国杜鹃花》将其放在露珠杜鹃亚组 Subsection *Irrorata* 中。

常绿灌木或小乔木，株高2~6m。叶革质，长圆状椭圆形至长圆状倒披针形，叶面淡绿色。总状伞形花序顶生，具花9~14朵，花冠筒状钟形，肉质，鲜红色至深红色，雄蕊10枚。花期5~7月，果熟期11~12月。

分布于云南云龙、大理、兰坪、福贡、贡山等地海拔2 400~2 800m的阔叶林或灌丛中。

星毛杜鹃 *Rhododendron kyawi* Lace & W. W. Smith

002

《中国植物志》、*Hardy Rhododendron Species:
A Guide to Identification* 拉丁名为 *R. kyawi*；《中国杜
鹃花属植物》拉丁名 *R. kyawii* 可能有误。

常绿灌木或小乔木，株高2～6m。叶薄革质，长
圆形、椭圆形，叶面绿色。总状伞形花序顶生，具花
10～15朵，花冠筒状钟形，深红色，雄蕊10枚。花期
5～6月，果熟期10～11月。

分布于云南腾冲、六库、福贡、贡山等地海拔
2 000～3 000m的针、阔叶林或灌丛中。

裂萼杜鹃 *Rhododendron schistocalyx* I. B. Balfour & Forrest

003

常绿灌木，株高5～7m。叶薄革质，长圆状椭圆
形至倒披针形，叶面绿色。总状伞形花序顶生，具花
5～10朵，花冠钟形或管状钟形，稍肉质，红色，雄蕊
10枚。花期4～5月，果熟期10～11月。

分布于云南腾冲等地海拔2 700～3 300m的林下或
杜鹃灌丛中。中国特有种。

16. 火红（疏花）杜鹃亚组 Subsection *Neriiflora* Sleumer

《中国植物志》《中国杜鹃花属植物》中文亚组名用火红杜鹃亚组；《中国杜鹃花》中文名用疏花杜鹃
亚组。

灌木或小乔木，皮光滑，叶革质，花冠管状钟形，多为红色，雄蕊10枚。

亮红杜鹃 *Rhododendron albertsenianum* Forrest

001

常绿灌木，株高1.2～3m。叶革质，长椭圆形，叶面绿色。叶背淡黄色至淡绿色。伞形花序顶生，具花
5～12朵，花冠管状钟形，肉质，亮深红色，雄蕊10枚。花期4～5月，果熟期9～10月。

分布于云南维西、德钦等地海拔3 200～3 300m的杜鹃灌丛中。具有极高的观赏价值。

亮红杜鹃

火红杜鹃 *Rhododendron neriiflorum* Franchet C02

常绿灌木，株高1～3m。叶革质，长圆形，叶面淡绿色，叶背白绿色。伞形花序顶生，具花5～12朵，花冠筒状钟形，肉质，深红色，雄蕊10枚。花期4～6月，果熟期10月至翌年1月。

分布于云南大理、漾濞、景东、腾冲、兰坪、泸水等地海拔2 500～3 900m的杜鹃灌丛、林缘及疏林中。西藏亦有分布。

二、映山红亚属Subgenus *Tsutsusi*（Sweet）Pojarkova

常绿或落叶，叶背无鳞。新叶芽、花芽自同一顶芽抽出。花顶生，1至数朵。雄蕊5～12枚。

1. 映山红组 Section *Tsutsusi*（Azalea series *Obtusum* subseries）

常绿或落叶，叶在幼枝上散生。小枝被毛。

亮毛杜鹃 *Rhododendron microphyton* Franchet

001

常绿小灌木，株高0.5～2m。叶革质，椭圆形至披针形，叶面深绿色，叶背淡绿色。伞形花序顶生或枝端腋生，具花3～6朵；花冠漏斗形，蔷薇色、粉红色至近白色，5裂，上方3裂片上有深红色斑点，雄蕊5枚。花期4～6月，果熟期11月。

分布于云南腾冲、龙陵、景东、临沧、福贡、大理、洱源、新平、双柏、易门、安宁、昆明、砚山、麻栗坡、广南、西畴等地海拔1 100～2 600m的山坡疏林及灌丛中。四川、贵州、广西等地亦有分布。

杜鹃 *Rhododendron simsii* Planchon

《中国植物志》称杜鹃；《本草纲目》称映山红。

落叶灌木，株高1～5m。叶二型，革质至纸质，春叶早，卵形至长圆状椭圆形；夏叶倒卵形至长圆状倒披针形。花2～6朵簇生于枝顶；花冠深5裂，阔漏斗形，鲜红色至深红色，上方裂片上有深红色斑点，雄蕊10枚。花期3～4月，果熟期10月。

分布于云南大理、腾冲、景东、勐海、楚雄、昆明、禄劝、嵩明、宣威、沾益、富宁、彝良、镇雄、大关、建水、文山、砚山、麻栗坡、广南、西畴等地海拔1 000～2 600m的山坡灌丛中。长江以南多有分布，栽培历史悠久，园艺品种众多。

三、羊踯躅亚属 Subgenus *Pentanthera* G. Don

直立落叶灌木，叶纸质。总状伞形花序，花冠漏斗状钟形，雄蕊5或10枚。

1. 五花药组（羊踯躅组）Section *Pentanthera* G. Don

雄蕊5枚。我国仅有1种分布。

羊踯躅 *Rhododendron molle* (Blume) G. Don

001

落叶灌木，株高0.5～2m。叶纸质，长圆形至长圆状披针形。先花后叶或花、叶同时开放。总状伞形花序顶生，具花5～15朵，花冠阔漏斗形，5裂，黄色至金黄色，雄蕊5枚。花期3～5月，果熟期9～11月。

分布于广东、广西、江西、江苏、福建、安徽、河南、湖北、湖南、四川、贵州、云南等地。1923—1925年间，乔治·福雷斯特 George Forrest 在云南北部、约瑟夫·洛克 Joseph F. Rock 在云南西北部考察时曾观察到此种（H. H. Davidian *The Rhododendron Species*）。本书照片为云南栽培类型，其中黄色深浅差异较大，一些带红色。在中国医学古籍《神农本草》中就已经把其列为毒药，梁代陶弘景称：羊食其叶，踯躅而死，《本草纲目》中记载在民间称其为闹羊花；因为其含有羊踯躅毒素（Andromedotoxin）、司帕拉沙酚（Sparassol）等有毒物质而禁内服。花果入药有麻醉镇静作用，叶可治疗皮炎及做驱虫剂。

四、马银花亚属 Subgenus *Azaleastrum* Planchon ex K. Koch

常绿灌木或小乔木。叶薄革质或革质。雄蕊5或10枚。

1. 马银花组 Section *Azaleastrum*（Planchon）Maximowicz

雄蕊5枚，种子两端不具附属物。

薄叶马银花 *Rhododendron leptothrium* I. B. Balfour & Forrest

常绿灌木或小乔木。株高2~5m。叶薄革质，长圆状卵形或椭圆状披针形，叶面绿色，叶背淡绿色。花单生枝顶或叶腋。花冠蔷薇色至深紫红色，深5裂，具深色斑点，雌蕊5枚。花期3~6月，果熟期10月。

分布于云南腾冲、景东、云龙、漾濞、福贡、贡山、维西、丽江等地海拔1 500~2 900m的混交林及沟谷中。四川、西藏亦有分布。

红马银花 *Rhododendron vialii* Delavay & Franchet

常绿灌木。株高1~3m。叶薄革质，倒卵形至倒卵状披针形，叶面绿色，叶背淡绿色。花单生枝顶或叶腋，花冠深红色，钟状圆筒形，雌蕊5枚。花期2~3月，果熟期8~10月。

分布于云南玉溪、元江、新平、建水、蒙自等地海拔1 300~2 000m的灌丛中。

2. 长蕊组 Section *Choniastrum* Franchet

雄蕊10枚，种子两端具短尾状附属物。

长蕊杜鹃 *Rhododendron stamineum* Franchet　　　　001

《中国植物志》《中国杜鹃花》、*Hardy Rhododendron Species: A Guide to Identification* 将其放在马银花亚属 Subgenus *Azaleastrum* 长蕊组 Section *Choniastrum* 中；《中国杜鹃花属植物》将其放在长蕊杜鹃花亚属 Subgenus *Choniastrum* 中。

常绿灌木或小乔木，株高1.5～7m。叶常轮生枝顶，革质，椭圆形或椭圆状倒披针形，叶面深绿色、具光泽，叶背淡绿带白色，叶面及背均无毛。花序聚生枝顶或叶腋，每花序具花3～6朵，花冠漏斗形，白色，5深裂，上部1～3裂片带黄色斑，雌蕊10枚，伸出花冠很长。花期4～5月，果熟期8～10月。

分布于云南广南、盐津、大关、威信、绥江等地海拔1 460～1 600m的疏林或山坡灌丛中。四川、贵州、广西、广东、江西、浙江、湖南、湖北、陕西等地亦有分布。

毛果长蕊杜鹃 *Rhododendron stamineum* var. *lasiocarpum* R. C. Fang et C. H. Yang　　　　002

与长蕊杜鹃区别：其花梗、子房幼时被灰白色绒毛。花期4～5月。

分布于云南广南等地海拔400～1 450m的杂木林中。四川、广西等地亦有分布。

五、有鳞杜鹃亚属（杜鹃亚属） Subgenus *Rhododendron*

植株被鳞片。先发叶，后开花。花序顶生。

（一）有鳞杜鹃组（杜鹃花组）Section *Rhododendron*

常绿灌木或乔木。叶革质或厚革质。花冠较大，雄蕊多为10枚，稀5～27枚。

1. 有鳞大花亚组 Subsection *Maddenia*（Hutchinson）Sleume

常绿灌木或小乔木。地生或附生。1至数花，花朵较大。雄蕊10～25枚。

睫毛萼杜鹃 *Rhododendron ciliicalyx* Franchet

001

常绿灌木，株高1～2m。叶革质，倒卵状椭圆形至椭圆状披针形，叶面绿色，叶背灰绿色被褐色鳞片。伞形花序顶生，具花2～5朵，花冠阔漏斗形或漏斗状钟形，白色或淡粉红色，雄蕊10枚。花期4月，果熟期9～10月。

分布于云南洱源、昆明、安宁、禄劝、砚山、麻栗坡、绿春、屏边等地海拔2 700～3 500m的林下及山坡灌丛中。

花色鲜艳，株形适中，具很高的观赏价值。

香花白杜鹃 *Rhododendron ciliipes* Hutchinson

002

《中国植物志》《云南植物志》《中国杜鹃花属植物》称香花白杜鹃；《中国杜鹃花》称芳香杜鹃 *Rhododendron ciliipes* Hutchinson。

常绿灌木，株高1～2m。叶革质，倒卵形至卵状披针形，叶面绿色，叶背淡绿色被黄棕色鳞片。花序顶生，具花1～4朵，花冠阔漏斗形，白色，芳香，基部里面被黄色或绿色斑；雄蕊10枚。花期4～5月。

分布于云南腾冲、碧江、贡山等地海拔2 300～3 000m的林下及山坡灌丛中。

附生杜鹃 *Rhododendron dendricola* Hutchinson

003

常绿灌木，株高1～2m，常附生于乔木树干上。叶革质，长圆状倒卵形，叶面绿色无毛，叶背淡绿色被鳞片。伞状花序顶生，具花2～3朵，花冠阔漏斗形，白色带淡粉红色，基部被黄色或橙色斑；雄蕊10枚。花期4～5月，果熟期11月。

分布于云南福贡、贡山等地海拔1 350～2 700m的阔叶林中。

滇隐脉杜鹃 *Rhododendron maddenii* subsp. *crassum* (Franchet) Cullen

004

《中国植物志》《云南植物志》称滇隐脉杜鹃（亚种）；《中国杜鹃花》称厚叶杜鹃 *Rhododendron maddenii* subsp. *crassum*（Franchet）Cullen。

常绿灌木，株高2～5m。叶厚革质，倒卵状椭圆形或椭圆形，叶面亮绿色，叶背密被锈色鳞片。伞形花序顶生，具花3～5朵，花冠狭漏斗状钟形，白色常带粉红色，雄蕊10～20枚。花期5～6月，果熟期10～11月。

分布于云南腾冲、景东、南涧、凤庆、大理、泸水、福贡、贡山等地海拔1 500～2 600m的高山灌丛或草坡上。

薄皮杜鹃 *Rhododendron taronense* Hutchinson

005

《中国植物志》《中国杜鹃花》、*Hardy Rhododendron Species：A Guide to Identification* 称薄皮杜鹃；《中国杜鹃花属植物》、*The Genus Rhododendron, Its Classification & Synonymy* 把它并入附生杜鹃 *R. dendricola* 中。

常绿灌木，有时附生于乔木树干上，株高3～5m。叶革质，椭圆形至椭圆状倒披针形，叶面绿色无鳞片，叶背淡绿色被疏鳞片。伞状花序顶生，具花4～5朵，芳香，花萼不发达，花冠钟状漏斗形，白色，基部内面被黄色斑；雄蕊10枚。花期4～6月，果熟期11月。

分布于云南福贡、贡山等地海拔1 500～2 300m的阔叶林中。

粗柄杜鹃 *Rhododendron pachypodum* I. B. Balfour & W. W. Smith

《中国杜鹃花》《云南杜鹃花》称粗柄杜鹃；《中国植物志》、*Flora of China* 称云上杜鹃；《中国高等植物图鉴》称白豆花、波瓣杜鹃 *Rhododendron pachypodum* I. B. Balfour & W. W. Smith。

常绿灌木，株高1～1.5m，叶革质，倒披针形、倒卵状披针形或椭圆形，叶面绿色，叶背灰白色密被鳞片。花序顶生，具花2～3朵，常1朵，花冠漏斗形，白色带淡红色晕，雄蕊10枚。花期4～6月，果熟期10～11月。

分布于云南临沧、景东、大理、漾濞、巍山、云龙、腾冲等地海拔1 800～2 500m的灌丛或杂木林中。

花可食（沸水焯后炒、炖食，具清香味）。

菱形叶杜鹃 *Rhododendron rhombifolium* R. C. Fang

常绿灌木，常附生于乔木上，株高2～3m。叶革质，菱状椭圆形，叶面绿色。伞形花序顶生，具花2～5朵，常1朵，花冠漏斗形，白色带淡红色晕，雄蕊10枚。花期4～6月，果熟期10～11月。

分布于云南贡山等地海拔1 800～1 900m的阔叶林中及树上。

红晕杜鹃　*Rhododendron roseatum* Hutchinson

《中国植物志》称红晕杜鹃；《中国杜鹃花》称白玫瑰杜鹃 *Rhododendron roseatum* Hutchinson。

Hardy Rhododendron Species：A Guide to Identification、*The Genus Rhododendron, Its Classification & Synonymy*、中国杜鹃花属植物》将其归入云上杜鹃（粗柄杜鹃《中国植物志》）*R. pachypodum* I. B. Balfour 中。

常绿灌木，株高1.5～3m。叶革质、卵圆形至长圆状卵形，叶面绿色，叶背苍绿色。总状伞形花序顶生，具花2～4朵，花冠阔漏斗形，白色、微带淡红色晕，雄蕊10枚。花期5～6月。

分布于云南腾冲、福贡等地海拔2 100～2 500m的阔叶林林及灌丛中。

石峰杜鹃　*Rhododendron scopulorum* Hutchinson

常绿灌木，株高1.5～4m。叶革质，倒卵形或倒披针形。伞形花序顶生，具花2～4朵，花冠漏斗状钟形，白色带淡红色晕，内面具黄色斑，雄蕊10枚。花期4～5月，果熟期10～11月。

分布于西藏海拔1 800～2 500m的灌丛中。

白喇叭杜鹃　*Rhododendron taggianum* Hutchinson

《中国植物志》《中国杜鹃花》、*Hardy Rhododendron Species：A Guide to Identification* 把它作为种；《中国杜鹃花属植物》把它作为大花杜鹃的变种 *R. lindleyi* var. *taggianum*。

常绿灌木，株高1.5～4m。叶革质，长圆状披针形，叶面绿色、平坦，叶背灰白色被小鳞片。伞状花序顶生，具花2～8朵，花萼大，花冠漏斗状钟形，白色；雄蕊10枚。花期4～5月，果熟期10～11月。

分布于云南贡山、腾冲等地海拔1 800～2 300m的山坡阔叶林中。西藏等地亦有分布。

2. 三花杜鹃亚组 Subsection *Triflora*（Hutchinson）Sleume

常绿灌木或小乔木，稀落叶。通常每花序3花。雄蕊10枚。

毛肋杜鹃 *Rhododendron augustinii* Hemsley　　　　　　　　　　　**001**

常绿或半常绿灌木，株高1~5m。叶纸质，椭圆形至长圆状披针形，叶面被鳞片或无鳞片，叶背密被鳞片。总状花序顶生，具花2~6朵，花冠阔漏斗状钟形，淡紫蓝色、淡紫粉色或白色，内面具深色斑点，雄蕊10枚。花期4~6月，果熟期8~10月。

分布于四川、陕西、湖北等地。据《中国杜鹃花属植物》记述：英国爱丁堡植物园栽培的采自四川的种子的变异毛肋杜鹃 *R. uilmorinianum* I. B. Balfour，与毛肋杜鹃有明显区别，可能是杂交起源的种。

张口杜鹃 *Rhododendron augustinii* subsp. *chasmanthum* (Diels) Cullen　　　　**002**

《中国植物志》《中国杜鹃花属植物》称张口杜鹃（亚种）；《中国杜鹃花》称鳞枝杜鹃 *Rhododendron augustinii* subsp. *chasmanthum*（Diels）Cullen。

常绿灌木，株高1~4m。叶纸质，披针形至长圆状倒卵形。叶面绿色，叶背淡绿色、疏被鳞片。总状花序顶生，具花2~6朵，花冠漏斗状，白色至紫蓝色或丁香紫，具淡黄绿色或橄榄绿色斑点，雄蕊10枚。花期4~5月。

分布于云南维西、德钦等地海拔2 500~3 000m的针叶林或灌丛中。

红花张口杜鹃 *Rhododendron augustinii* subsp. *chasmanthum* f. *rubrum* (Davidian) R. C. Fang

花冠红色，花期早于原变种25天左右。

分布于云南维西海拔4 300m的岩坡及灌丛中。

白花张口杜鹃 *Rhododendron augustinii* subsp. *chasmanthum* f. *hardyi* (Davidian) R. C. Fang

《中国杜鹃花属植物》中文名为白花毛肋杜鹃、*Hardy Rhododendron Species*: *A Guide to Identification* 中把它作为亚种: *R.augustinii* subsp. *hardyi*（Davidian）Cullen。

落叶灌木至小乔木，花冠白色，内面基部有淡黄色或淡绿色斑点。

分布于云南丽江、德钦等地海拔3 300～3 700m的云杉及杂木林中。

凹叶杜鹃 *Rhododendron davidsonianum* Rehder & Wilson

常绿灌木，株高1～3m。叶厚革质，披针形至椭圆状披针形。伞形花序顶生，具花5～6朵，花冠漏斗形，白色、粉红色至蔷薇色，花冠筒上具淡紫色斑点，雄蕊10枚。花期4～5月，果熟期9～10月。

分布于四川。

山育杜鹃 *Rhododendron oreotrephes* W. W. Smith

006

《中国高等植物图鉴》《中国植物志》《中国杜鹃花属植物》称山育杜鹃；《中国杜鹃花》称山生杜鹃 *Rhododendron oreotrephes* W. W. Smith。

常绿灌木，株高1~3m。叶革质，宽椭圆形至长圆状椭圆形，叶面绿色，叶背粉绿色，被黄绿色或褐色鳞片。总状伞形花序顶生，具花3~8朵，花冠漏斗形，粉红色至蔷薇色，花冠筒上多或少具稍深斑点，雄蕊10枚。花期5~7月，果熟期11月。

分布于云南鹤庆、丽江、香格里拉、维西、德钦、福贡等地海拔2 500~3 900m的针叶林中。四川、西藏等地亦有分布。

基毛杜鹃 *Rhododendron rigidum* Franchet

007

灌木，株高1~2m。小枝短而密集，叶革质，椭圆形至长圆状椭圆形，叶面绿色，叶背淡绿色或灰绿色。伞形花序顶生或腋生，具花2~6朵，花冠阔漏斗形，粉红色至白色，花冠筒上多或少具稍深红斑点，雄蕊10枚。花期4~5月，果熟期10月。

分布于云南峨山、大理、洱源、丽江等地海拔2 000~3 350m的针叶林中及灌丛中。四川亦有分布。与云南杜鹃相似，叶小。

锈叶杜鹃 *Rhododendron siderophyllum* Franchet

　　常绿灌木，株高1.2～3m。叶薄革质，长圆状披针形或椭圆状披针形，叶面绿色，叶背淡绿色、被锈棕色鳞片。总状伞形花序顶生或侧生于小枝顶端，具花3～8朵，花冠钟状，白色至蔷薇色，花冠筒上具深红色斑点，雄蕊10枚，伸出花冠。花期3～5月，果熟期11月。

　　分布于云南嵩明、禄劝、武定、丽江等地海拔1 900～3 300m的杂木林或灌丛中。四川、贵州亦有分布。

硬叶杜鹃 *Rhododendron tatsienense* Franchet

　　常绿灌木，株高0.5～3m。叶硬革质，椭圆形、倒卵形至椭圆状披针形，叶面绿色、背稀鳞片，叶背密被褐色鳞片。总状伞形花序顶生或时有侧生，具花2～7朵，花冠漏斗状钟状，淡红色至玫瑰色，内具红色斑点或无斑点，雄蕊10枚，伸出花冠。花期5～7月，果熟期9～10月。

　　分布于云南大理、丽江等地海拔1 700～2 900m的杂木林或灌丛中。四川亦有分布。中国特有种。

硬叶杜鹃

云南杜鹃 *Rhododendron yunnanense* Franchet

常绿或半常绿、落叶灌木,株高1~3m。叶厚纸质,倒披针形至长圆状披针形,常俯垂,叶面绿色,叶背淡灰绿色、被稀疏褐色鳞片或柔毛。总状伞形花序顶生或腋生,每个花序芽3~5花,花冠漏斗状,白色、粉红色至蔷薇色,内有红色、褐红色、黄色、黄绿色斑点,雄蕊10枚。花期3~6月,果熟期10~11月。

分布于云南师宗、宣威、昆明、大理、鹤庆、丽江、永胜、宁蒗、香格里拉、维西、德钦等地海拔1 600~4 000m的针叶林及山坡灌木丛、杜鹃林中。四川、西藏、贵州等地亦有分布。

《中国植物志》把东川杜鹃 *R. bodinieri*、三花杜鹃、木里三花杜鹃(《云南杜鹃花》)*R. hormophorum* I. B. Balfour & Franchet 等种归并在云南杜鹃 *R. yunnanense* 中;*Hardy Rhododendron Species: A Guide to Identification*、*The Genus Rhododendron, Its Classification & Synonymy* 把 *R. aechmophyllum*、*R. charophyllum*、木里三花杜鹃 *R. hormophorum* I. B. Balfour & Franchet、*R. suberosum* I. B. Balfour & Franchet 等种归并在云南杜鹃 *R. yunnanense* 中。虽然以上作为植物学种的特征不明显,但从园艺学角度看其中观赏类型很多。

生境　　　　　　　　　　　　　　　　　　　　　冰川与云南杜鹃

花冠白色,斑点近块状、棕红色　花冠白色,斑点红色　　　　　　　　花冠白色,斑点紫色

生境（老君山）

花冠粉红色，斑点近块状

花冠粉红色，斑点红色

花冠粉色，斑点密集

植株

生境

生境（梅里雪山）

花密集　　　　　　　　　　　　　　　　　　　　　　　　　花密集

同一单株上变异：植株

红黄斑点　　　　　　　　　　几乎无斑点，叶差异大（同一植株上）

白面杜鹃 *Rhododendron zaleucum* Balf. f. et W. W. Smith & I. B. Balfour

《中国植物志》《中国高等植物图鉴》称白面杜鹃；《中国杜鹃花》称白背杜鹃 *Rhododendron zaleucum* Balf. f. et W. W. Smith & I. B. Balfour。

《中国植物志》《中国杜鹃花属植物》中的白背杜鹃指的是黄花杜鹃组中的 *R. leucaspis* Tagg。

常绿灌木或小乔木，株高1～10m。叶革质，倒披针形至长圆状披针形，叶面绿色无鳞片，叶背淡绿色至苍白色、被褐色鳞片和细柔毛或无毛。总状花序顶生，具花3～5朵，有微香，花冠宽漏斗状，白色至蔷薇色，近圆形，雄蕊10枚。花期5月，果熟期11月。

分布于云南福贡、贡山等地海拔2 800～3 400m的针叶林及山坡灌木丛中。

3. 糙叶杜鹃亚组 Subsection *Scabrifolia*（Hutchinson）Cullen

幼枝和叶柄上被糙毛或柔毛。叶两面多少被毛。

粉背碎米花 *Rhododendron hemitrichotum* Balfour & Forrest

常绿小灌木，株高0.5～1.5m。叶片薄革质，狭椭圆形、披针形、倒披针形，叶面深绿色、密被柔毛，被鳞，叶背灰绿色或灰白色。花序顶生或腋生上部叶腋，每花序具花2～3朵，花梗被鳞及毛，花冠阔漏斗状，粉红色或淡紫红色，雄蕊8枚。花期5月，果熟期9～10月。

分布于云南西北部海拔2 200～4 000m的灌木丛及松树林中。四川亦有分布。

柔毛杜鹃 *Rhododendron pubescens* Balfour & W. W. Smith

002

　　常绿灌木，株高0.5～1.5m。叶革质，椭圆形至披针形，叶面绿色，叶背灰绿色、密被白色柔毛。伞形花序腋生小枝顶，每花序具花2～4朵，常数花序聚生；花冠短管状漏斗形，粉红色至淡红色，雄蕊8～10枚。花期4～5月，果熟期8～10月。

　　分布于云南永胜、宁蒗等地海拔1 800～3 000m的疏林下及灌木丛中。四川等地亦有分布。

腋花杜鹃 *Rhododendron racemosum* Franchet

003

　　《中国杜鹃花》、*Hardy Rhododendron Species：A Guide to Identification* 将其放在糙叶杜鹃亚组 Subsection *Scabrifolia* 中；《中国植物志》将其放在 Sleumer 建立的糙叶杜鹃亚属 Subgenus *Pseudorhodorastrum* 腋花杜鹃组 Section *Rhodobotry* 中；《中国杜鹃花属植物》将其放在杜鹃花组腋花杜鹃亚组 Subsection *Rhodobotry* 中；Cullen 把它移入糙叶杜鹃亚组中。

　　常绿灌木，株高0.2～1m。叶纸质，长圆状椭圆形，叶面绿色，叶背苍白色、密被鳞片。花序腋生于小枝顶，每花序具花2～3朵，有时呈总状花序；花冠漏斗形，粉红色至粉白色，雄蕊10枚。花期3～5月，果熟期10～11月。

　　分布于云南昆明、富民、嵩明、禄劝、寻甸、楚雄、祥云、漾濞、大理、洱源、剑川、宾川、永胜、丽江、宁蒗、香格里拉、维西、沾益、宣威、镇雄等地海拔1 800～3 800m的疏林下及灌木丛中。四川、贵州等地亦有分布。

腋花杜鹃

糙叶杜鹃 *Rhododendron scabrifolium* Franchet

常绿小灌木，株高0.3～1m。叶近革质，倒披针形至狭椭圆形，叶面绿色粗糙、泡状，被刚毛和短柔毛，叶背灰白色，被鳞片和短柔毛。花序顶生或腋生于枝顶，具花2～3朵，花冠狭漏斗形，粉红色或白色，雄蕊10枚。花期2～4月，果熟期9～10月。

分布于云南南华、大姚、姚安、楚雄、漾濞、大理、洱源、鹤庆、丽江等地海拔1 800～3 000m的针叶疏林下及山坡灌木丛中。

爆杖花 *Rhododendron spiruliferum* Franchet

常绿灌木，株高0.2～2m。叶近革质，椭圆状披针形或倒披针形，叶面绿色、有泡泡皱纹，叶背被鳞片和柔毛。伞形花序腋生于小枝顶，每花序具花3～4朵，花冠筒状，似爆仗，鲜红色至深红色，雄蕊10～12枚。花期2～5月，果熟期9～10月。

分布于云南昆明、富民、安宁、嵩明、禄劝、寻甸、双柏、禄丰、武定、石林、易门、玉溪、建水、永善、彝良、景东、腾冲等地海拔1 200～2 500m的疏林下、林缘及灌木丛中。四川、广西等地亦有分布。

粉红爆杖花 *Rhododendron × duclouxii* H. Lèvl

《中国植物志》《中国杜鹃花属植物》称粉红爆杖花（自然杂交种）；《中国杜鹃花》称昆明杜鹃 *Rhododendron × duclouxii* H. Lèvl。

《中国植物志》《中国杜鹃花》认为是碎米杜鹃 *R. spicifrum* 和爆杖花 *R. spiruliferum* 天然杂交而成。

常绿小灌木，株高0.3 ~ 1m。伞形花序腋生枝顶，具花2 ~ 16朵，花冠筒状钟形，粉红色至玫瑰色。花期 2 ~ 4月。

分布于云南昆明、楚雄等地海拔1 900 ~ 2 200m的阳坡及灌丛中。

据《中国杜鹃花属植物》描述：Cullen（1980）将此种作为爆杖花 *R. spiruliferum* 的异名。Cox 将其作为疏花糙叶杜鹃 *R. scabrifolium* var. *pauciflorum* 的异名。

粉红爆杖花 *Rhododendron × duclouxii*（左）与爆杖花 *R. spinuliferum*（右）颜色比较

4. 亮鳞杜鹃亚组 Subsection *Heliolepida*（Hutchinson）Sleumer

叶芳香。花序顶生，具花2~9朵。雄蕊10枚。

亮鳞杜鹃 *Rhododendron heliolepis* Franchet

001

常绿灌木，株高3~5m。叶革质，芳香，长圆状椭圆形，叶面暗绿色，叶背被金黄色鳞片。总状花序顶生，具花4~7朵，花冠阔漏斗状钟形，粉红色至蔷薇色；雄蕊10枚。花期5~8月，果熟期11月。

分布于云南大理、洱源、鹤庆、丽江、香格里拉、维西、德钦、贡山等地海拔2 900~3 800m的针叶疏林下、林缘、杜鹃林及荒坡上。

叶可以提芳香油。

灰褐亮鳞杜鹃 *Rhododendron heliolepis* var. *fumidum*（I. B. Balfour & W. W. Smith）R. C. Fang

002

《中国植物志》《中国杜鹃花》《中国杜鹃花属植物》把它作为亮鳞杜鹃 *R. heliolepis* 的变种；《中国杜鹃花》的中文名为灰毛杜鹃；*Hardy Rhododendron Species：A Guide to Identification* 把它归在亮鳞杜鹃 *Rhododendron heliolepis* 中。

与原种区别：花冠紫红色、具红褐色斑点。分布于云南禄劝、巧家等地海拔3 000~3 700m的高山灌丛中。

红棕杜鹃 *Rhododendron rubiginosum* Franchet

常绿灌木至小乔木，株高2~6m。叶薄革质，椭圆状披针形，叶面暗绿色，叶背被褐色鳞片。总状花序顶生，花萼密被鳞片，具花4~10朵，花冠阔漏斗状钟形，粉红色至蔷薇色；雄蕊10枚，花丝下部被短毛，花柱下面不被毛。花期4~6月，果熟期11月。

分布于云南禄劝、东川、彝良、大姚、宾川、大理、宁蒗、鹤庆、丽江、香格里拉、维西、贡山等地海拔2 400~3 800m的针叶疏林下、林缘、杜鹃林及荒坡上。四川、西藏等地亦有分布。

红棕杜鹃

红棕杜鹃腊叶标本

从腊叶标本中可以看出，植物分类在有新的背景资料后在不断地调整，过去曾把杜鹃放入石楠科中

洁净红棕杜鹃 *Rhododendron rubiginosum* var. *leclerei* R. C. Fang

004

与原种区别：花萼外面无鳞，花丝与花柱无毛。

分布于云南会泽、东川、禄劝海拔3 200～3 600m的灌丛中。中国特有变种。

毛柱红棕杜鹃 *Rhododendron rubiginosum* var. *ptilostylum* (H. Lèveillè) R. C. Fang

与原种区别：花萼外面密被鳞，花丝与花柱下半部被柔毛。

分布于云南丽江、禄劝海拔3 200 ~ 3 300m的灌丛中。中国特有变种。

5. 高山杜鹃亚组 Subsection *Lapponica*（Balfour）Sleumer

矮小常绿灌木，常呈丛生状。花序具1至数花，花冠较小。

蜿蜓杜鹃 *Rhododendron bujudron* Hutchinson

《中国植物志》《中国杜鹃花属植物》称蜿蜓杜鹃；《中国杜鹃花》《西藏植物志》称散鳞杜鹃 *Rhododendron buju* Hutchinson。

常绿小灌木，株高0.3 ~ 1.6m。小枝、叶柄被鳞。叶薄革质，椭圆形至长圆状椭圆形，叶面暗绿色、具透明鳞片，叶背淡黄色或灰白色，具淡黄色鳞片。伞形花序顶生或腋生于上部叶腋，具花1 ~ 5朵，花冠漏斗形，紫粉红色至紫色；雄蕊8 ~ 10枚。花期5 ~ 6月，果熟期7 ~ 9月。

分布于西藏米林、工布江达、拉萨等地海拔3 000 ~ 5 600m的灌丛、桦木林及针阔叶混交林中。

锈红杜鹃 *Rhododendron complexum* I. B. Balfour & W. W. Smith

《中国植物志》《云南植物志》称锈红杜鹃；《中国杜鹃花》《云南杜鹃花》称环绕杜鹃 *Rhododendron complexum* I. B. Balfour & W. W. Smith；《中国杜鹃花属植物》把它作为隐蕊杜鹃的变种 *Rhododendron inticatum* var. *complexum*。

常绿灌木，株高0.1~0.6m。小枝多而短。叶簇生或散生于枝顶，革质，披针形至卵圆形，叶面灰绿色至暗绿色，具透明鳞片，叶背具铁锈色鳞片。伞形花序顶生，具花3~4朵，花冠阔漏斗形，紫白色至玫瑰紫色；雄蕊5~10枚。花期5~7月，果熟期7~9月。

分布于云南丽江、宁蒗等地海拔3 000~4 300m的针叶林下石坡、杜鹃灌丛中。四川等地亦有分布。

楔叶杜鹃 *Rhododendron cuneatum* W. W. Smith

常绿灌木，株高0.5~1.5m。小枝短而多，叶革质，椭圆形至椭圆状披针形，叶面深绿色，密被鳞片，叶背密被黄棕色鳞片。总状花序顶生，具花3~6朵，花冠漏斗形，淡紫红色、紫红色、稀白色，雄蕊10枚，外露。花期4~7月，果熟期10~11月。

分布于云南丽江、宁蒗、香格里拉等地海拔3 000~3 300m的高山草坡及针叶林下。四川等地亦有分布。中国特有种。

密枝杜鹃 *Rhododendron fastigiatum* Franchet

　　常绿丛生小灌木，株高0.2～0.7m。小枝短而多，叶革质，卵形至长椭圆形，叶面暗绿色，被灰白色鳞片，叶背淡黄褐色，密被黄褐色或琥珀色鳞片。伞形花序顶生，有花4～5朵，花冠短钟形，青紫色，雄蕊10枚。花期5～7月，果熟期10～11月。

　　分布于云南禄劝、大理、洱源、鹤庆、丽江等地海拔3 000～4 100m的高山岩石、草坡及杜鹃灌丛中。四川、青海等地亦有分布。中国特有种。

灰背杜鹃 *Rhododendron hippophaeoides* I. B. Balfour & W. W. Smith

　　常绿灌木，株高0.6～1m。叶簇生于枝顶，常相互重叠，近革质，狭倒披针形至椭圆形，叶面灰绿色，具苍白色鳞片，叶背具淡黄色鳞片。伞形花序顶生，具花6～8朵，花冠短钟状，紫色至蔷薇色；雄蕊10枚。花期5～7月，果熟期10～11月。

　　分布于云南丽江、永胜、宁蒗、香格里拉、维西、德钦等地海拔3 300～4 300m的针叶林下、林缘、黄栎、高山栎灌丛中。

长柱灰背杜鹃 *Rhododendron hippophaeoides* var. *occidentale* M. N. Philipson & Philipson   **006**

与灰背杜鹃的区别：叶片较狭窄，雄蕊伸出，花柱较雄蕊长。

分布于云南剑川、洱源、香格里拉、维西等地海拔3 000 ~ 4 250m的高山草坡及灌丛中。

粉紫杜鹃 *Rhododendron impeditum* Franchet   **007**

《中国植物志》称粉紫杜鹃；《中国杜鹃花》《云南杜鹃花》称粉紫矮杜鹃；《云南植物志》称易混杜鹃；*Hardy Rhododendron Species：A Guide to Identification* 将其作为种 *Rhododendron impeditum* Franchet；《中国杜鹃花属植物》将其列为密枝杜鹃 *R. fastigiatum* 的变种：*R. fastigiatum* var. *impeditum*。

常绿小灌木，株高0.7 ~ 1.2m。叶厚纸质，芳香，椭圆形、卵形至长圆形，叶面灰绿色或暗绿色，密被鳞片，叶背密被灰黄褐色鳞片。伞形花序顶生，具花3 ~ 4朵，花冠漏斗状，粉紫色、紫堇色至玫瑰淡紫色，雄蕊5 ~ 10（11）枚。花期5 ~ 6月，果熟期10 ~ 11月。

分布于云南禄劝、会泽、巧家、大理、洱源、丽江、宁蒗、香格里拉、德钦等地海拔3 300 ~ 4 300m的高山草地及灌木丛中。

隐蕊杜鹃 *Rhododendron inticatum* Franchet

常绿小灌木，株高0.2～1m。小枝密集。叶革质，椭圆形至长椭圆形，叶面、叶背密被鳞片，叶面绿色或淡绿色，叶背淡绿银灰色。花序顶生，具花2～6朵，花冠管状漏斗形，淡紫红色、淡紫蓝色、淡紫色，雄蕊10枚、内藏。花期5～6月，果熟期11月。

分布于云南丽江、宁蒗等地海拔3 000～4 500m的高山草地或杜鹃灌丛中。四川亦有分布。中国特有种。

光亮杜鹃 *Rhododendron nitidulum* Rehder & E. H. Wilson

常绿小灌木，株高0.2～1.5m。分枝多而密集。叶薄革质，卵圆形至椭圆形，叶面、叶背密被鳞片，叶面绿色，叶背浅黄褐色。花序具花1～2朵，花冠阔漏斗形，紫蓝色、紫红色、淡紫红色，雄蕊10枚、与花冠近等长。花期5～6月，果熟期10～11月。

分布于四川西部海拔3 000～4 500m的草甸及杜鹃灌丛中。

雪层杜鹃 *Rhododendron nivale* J. D. Hooker

　　常绿小灌木，株高0.5～0.9m。小枝密集。叶革质，椭圆形至圆形，先端钝圆，叶面深绿色、被鳞片，叶背黄绿色或淡黄色。单花或2～3花序顶生，花冠阔漏斗形，深紫红色、紫蓝色、紫色、淡紫色，雄蕊8～10枚，与花冠等长或稍长。花期6～7月。

　　分布于西藏等地海拔3 100～5 500m的高山草地或杜鹃灌丛中。

北方雪层杜鹃 *Rhododendron nivale* subsp. *boreale* M. N. Philipson & Philipson

　　与原种雪层杜鹃 *R. nivale* J. D. Hooker 区别：植株稍高大，叶先端圆形、具小尖头。

　　分布于云南香格里拉、德钦等地，以及西藏、青海、四川等地海拔3 200～5 400m的高山草甸、岩坡、杜鹃灌丛中。中国特有亚种。

直枝杜鹃 *Rhododendron orthocladum* I. B. Balfour & Forrest

常绿小灌木，株高0.3～1.2m。小枝密集。叶革质，椭圆形至倒披针形，叶面绿色，叶背淡黄褐色，叶两面均密生鳞片。花序顶生，具花2～5朵，花冠漏斗形，淡紫色至深紫蓝色，雄蕊10枚，伸出或等长，花柱较花冠和雄蕊短。花期4～6月，果熟期10～11月。

分布于云南丽江、香格里拉等地海拔2 500～4 500m的高山草甸、草坡、岩石及杜鹃灌丛中。四川亦有分布。中国特有种。

多枝杜鹃 *Rhododendron polycladum* Franchet

常绿小灌木，株高0.5～1m。小枝短而密集。叶革质，常集生于枝顶，长圆形至披针形，叶面暗绿色，叶背灰绿色，叶两面均背鳞片。花序顶生，具花1～5朵，花冠阔漏斗形，淡紫色至紫蓝色，雄蕊10枚，伸出，花柱较雄蕊长。花期5～6月，果熟期10月。

分布于云南鹤庆、丽江、维西、德钦等地海拔3 300～4 300m的高山草甸、草坡、林缘及杜鹃灌丛中。四川等地亦有分布。

与直枝杜鹃 *R. orthocladum* 的主要区别：多枝杜鹃 *R. polycladum* 花柱长于雄蕊，直枝杜鹃 *R. orthocladum* 花柱短于雄蕊。中国特有种。

多色杜鹃 *Rhododendron rupicola* W. W. Smith

《中国植物志》、*Flora of China*、《中国杜鹃花属植物》称多色杜鹃 *Rhododendron rupicola* W. W. Smith；《中国杜鹃花》称岩生杜鹃。

常绿小灌木，株高0.25～0.6m，株形常呈垫状。叶革质，宽椭圆形至长圆状披针形，叶两面均被鳞片，叶背鳞片淡棕色至深棕色。花序顶生，具花3～5朵，花冠蓝紫色，宽漏斗形；雄蕊10枚、伸出。花期5～8月，果熟期10月。

分布于云南丽江、香格里拉、维西、德钦、福贡、贡山等地海拔3 000～4 200m的高山草甸、草坡、林缘。四川、西藏亦有分布。

金黄多色杜鹃 *Rhododendron rupicola* var. *chryseum* (l. B. Balfour & Kingdon-Ward) M. N. Philipson & Philipson

Hardy Rhododendron Species：*A Guide to Identification*、*Flora of China*、《中国杜鹃花属植物》称金黄多色杜鹃 *Rhododendron rupicola* var. *chryseum*（I. B. Balfour & Kingdon-Ward）M. N. Philipson & Philipson；《中国植物志》《中国杜鹃花》《中国高等植物图鉴》称金黄杜鹃。

常绿小灌木，株高0.4~0.8m。叶卵状椭圆形，芳香，叶两面均被鳞片，叶背鳞片棕色。花序顶生，具花4~5朵，花冠鲜黄色至柠檬色，漏斗状，雄蕊5~10枚。花期6~8月。

分布于云南香格里拉、德钦、贡山等地海拔3 200~4 200m的高山草甸、草坡、林缘。四川、西藏亦有分布。

紫蓝杜鹃 *Rhododendron russatum* I. B. Balfour & Forrest

常绿小灌木，丛生、半匍匐状或垫状；株高0.3～1.5m。叶革质，椭圆形、阔椭圆形至长圆形，叶面灰绿色或暗绿色，密被鳞片，叶背被淡黄褐色或锈色鳞片。伞状或近球状花序顶生或腋生，具花4～10朵，花冠阔漏斗形，靛蓝色、深蓝色、紫色、深紫蓝色，雄蕊10枚。花期5～6月，果熟期10～11月。

分布于云南丽江、香格里拉等地海拔3 000～4 300m的林缘、草地及杜鹃灌丛中。四川等地亦有分布。

草原杜鹃 *Rhododendron telmateium* I. B. Balfour & W. W. Smith

常绿小灌木，丛生状，枝常直立生长。株高0.2～1m。叶革质，芳香，椭圆形至倒披针形，叶面灰绿色或暗绿色，密被鳞片，叶背被淡褐色或褐红色鳞片。花序具花1～2朵顶生，花冠阔漏斗形，深紫蓝色，雄蕊10枚。花期5～7月，果熟期9～11月。

分布于云南丽江、宁蒗、香格里拉、德钦等地海拔3 000～4 500m的高山岩石坡、林下及杜鹃灌丛中。四川亦有分布。中国特有种。

百里香杜鹃 *Rhododendron thymifolium* Maximowicz

《中国杜鹃花》《云南杜鹃花》称百里香杜鹃；《中国植物志》《中国杜鹃花属植物》称千里香杜鹃。

常绿小灌木，枝常直立生长。株高0.5～1.3m。叶片近革质，椭圆形至长圆状披针形，叶面绿色或暗绿色，密被银白色鳞片，叶背被银白色鳞片。花顶生1～2朵，花冠阔漏斗形，浅紫蓝色或浅紫红色，雄蕊10枚。花期5～6月，果熟期10～11月。

分布于云南香格里拉等地海拔2 600～4 300m的高山岩石、草坡及杜鹃灌丛中。四川、青海、西藏等地亦有分布。

毛蕊杜鹃 *Rhododendron websterianum* Rehder

常绿小灌木，枝常直立生长、多分枝。株高0.5～2m。叶片革质，卵圆形至线状披针形，叶面灰绿色，密被鳞片，叶背淡黄灰色被鳞片。花顶生1～2朵，花冠阔漏斗形，浅紫色或紫蓝色，雄蕊10枚。花期5月，果熟期9～10月。

分布于四川西北部、西部等海拔3 200～4 900m的潮湿草地及山坡灌丛中。

永宁杜鹃 *Rhododendron yungningense* I. B. Balfour

　　常绿小灌木，枝常直立生长。株高0.5～1m。叶片近革质，椭圆形至长圆状披针形，叶面灰绿色或暗绿色，密被鳞片，叶背被黄褐色或锈色鳞片。伞形花序具花3～6朵，顶生，花冠阔漏斗形，深紫蓝色或紫红色，雄蕊8～10枚。花期5～6月，果熟期7～9月。

　　分布于云南宁蒗、香格里拉等地海拔3 200～4 300m的高山岩石、草坡及杜鹃灌丛中。四川等地亦有分布。

6. 怒江杜鹃亚组 Subsection *Saluenensia*（Hutchinson）Sleumer

　　常绿小灌木，通常呈丛生状。小枝和叶柄被鳞。叶较小。花序具花1至数朵，花冠淡红色至紫红色，雄蕊10枚。

美被杜鹃 *Rhododendron calostrotum* I. B. Balfour & Kingdon

　　常绿小灌木。株高0.2～1m。叶薄革质至纸质，倒椭圆形、卵状椭圆形至近圆形，叶面绿色，叶背密被鳞片、褐色。花序顶生，具花1～2朵；花冠阔漏斗形，紫红色至浅紫色，上部具深色斑点，花柱红色，雄蕊10枚。花期5～7月，果熟期8～9月。

　　分布于云南维西、福贡、贡山、德钦、巧家等地海拔3 400～4 600m的杜鹃灌丛或高山草地灌丛中。西藏等地亦有分布。

怒江杜鹃 *Rhododendron saluenense* Franchet

　　常绿小灌木，株高0.1~1.2m。叶薄革质或近纸质，椭圆形、卵状椭圆形，叶面绿色、被鳞片，叶背密被鳞片，褐色或淡褐色，有时沿叶脉疏具刚毛。花序顶生，具花1~3朵；花冠阔钟形，深紫红色至浅红色，花萼红紫色，雄蕊10枚，花柱紫色。花期5~6月，果熟期10~11月。

　　分布于云南维西、香格里拉、德钦、贡山等地海拔3 000~4 800m的杜鹃灌丛或高山草地灌丛中。西藏、四川等地亦有分布。

平卧怒江杜鹃 *Rhododendron saluenense* var. *prostratum* (W. W. Smith) R. C. Fang

　　Flora of China、《中国植物志》《中国杜鹃花属植物》作为怒江杜鹃的变种处理；《中国杜鹃花》《云南杜鹃花》作为种 *R. chameunum* 处理。

　　常绿矮灌木，呈匍匐状，株高0.1~0.6m。叶革质，椭圆形至卵状椭圆形，叶面绿色，叶背淡褐色或淡绿色。花序顶生，具花1~3朵；花冠阔钟形，深红色至浅紫红色，花萼红紫色，雄蕊10枚，花柱紫色。花期5~7月，果熟期10~11月。

　　分布于云南丽江、维西、香格里拉、德钦、贡山等地海拔3 000~4 800m的杜鹃灌丛或高山草地灌丛中。

（二）髯花杜鹃组 Section *Pogonanthum* G. Don

常绿小灌木。叶小型、芳香。花序顶生，花冠狭管状至漏斗状高脚碟形。

髯花杜鹃 *Rhododendron anthopogon* D. Don　　　　　　　　**001**

常绿矮灌木，株高0.5~1.5m。叶薄革质或革质，芳香，倒卵状椭圆形至近圆形，叶面暗绿色，叶背密被红色褐色或黄褐色鳞片。花序顶生，具花5~9朵，花梗短，花冠狭筒状，粉红色或白黄色，雄蕊5~10枚或更少，内藏于花冠筒中。花期4~6月，果熟期7~8月。

分布于西藏南部海拔3 000~5 000m的坡地及灌丛中。

毛喉杜鹃 *Rhododendron cephalanthum* Franchet　　　　　　　　**002**

常绿矮灌木，株高0.3~0.6m。叶革质，芳香，倒卵形至长圆状椭圆形，叶面暗绿色、网脉下凹，叶背密被黄棕色鳞片。密头状花序顶生，具花4~9朵，花梗短，花冠狭筒状，白色至粉红色，雄蕊5枚，内藏于花冠筒中。花期5~7月，果熟期10月。

分布于云南大理、剑川、鹤庆、丽江、香格里拉、维西、泸水、福贡、贡山等地海拔3 900~4 400m的针叶林缘、石坡或杜鹃灌丛中。四川、西藏亦有分布。

叶可提取芳香油。

毛冠杜鹃 *Rhododendron laudandum* Cowan

常绿矮灌木，株高0.3～0.8m。叶革质，芳香，卵形至长圆形，叶面绿色、灰绿色，叶面、叶背均被鳞片。头状花序顶生，具花5～10朵，总轴不明显，花梗短，花萼红粉色，花冠狭筒状，粉红色，雄蕊5～6枚，内藏于花冠筒中。花期5～6月，果期10月。

分布于西藏东南部等地。

微毛杜鹃 *Rhododendron primulaeflorum* var. *cephalanthoides* (I. B. Balfour & W. W. Smith) Cowan & Davidian

《中国高等植物图鉴》称微毛杜鹃（变种）*Rhododendron primulaeflorum* var. *cephalanthoides*（I. B. Balfour & W. W. Smith）Cowan & Davidian；《中国杜鹃花属植物》把它并入毛冠杜鹃 *R. laudandum* 中。

与原变种区别：花冠外面密被微柔毛。花期5～6月。分布于云南丽江海拔3 300～4 000m的灌丛中。

疏毛冠杜鹃 *Rhododendron laudandum* var. *temoense* Cowan & Davidian

　　常绿矮灌木，株高0.2～1.2m。叶革质，芳香，卵形至椭圆形，叶面暗绿色，叶背被褐红色鳞片。头状花序顶生，具花4～10朵，花梗短，花萼红绿色，花冠狭筒状，白色，雄蕊5～6枚，不等长内藏于花冠筒中。花期5～7月。

　　分布于西藏海拔3 800～4 800m的石坡或高山草甸杜鹃灌丛中。

　　与毛冠杜鹃 *R. laudandum* 主要区别：原种花冠粉红色、花冠筒被毛较密。

樱草杜鹃 *Rhododendron primuliflorum* Bureau & Franchet

　　《中国杜鹃花》中的学名 *R. primulaeflorum* 可能有误。

　　常绿小灌木，株高0.3～2m。叶革质，芳香，卵状长椭圆形，叶面暗绿色，有光泽，网脉略下凹，叶背密被淡黄褐色鳞片。头状花序顶生，具花5～8朵，花梗极短，花冠筒状，乳白色、白色、淡黄色或略带粉红色，雄蕊5枚。花期5～7月，果熟期10月。

　　分布于云南丽江、香格里拉、德钦、福贡、宁蒗等地海拔3 400～4 500m的针叶林缘、石坡或杜鹃灌丛中。四川、西藏、甘肃亦有分布。中国特有种。

　　叶可提取芳香油。

高山流石滩上的樱草杜鹃

花序　　　　　　　　　　　　　　　　熊蜂传粉

20 世纪 90 年代白马雪山上樱草杜鹃数量还很多

鳞花樱草杜鹃 *Rhododendron primuliflorum* var. *lepidanthum* (I. B. Balfour & W. W. Smith) Cowan & Davidian　007

《中国杜鹃花属植物》称鳞花樱草杜鹃（变种）；《中国植物志》《云南植物志》称鳞花杜鹃 *Rhododendron primuliflorum* var. *lepidanthum*（I. B. Balfour & W. W. Smith）Cowan & Davidian。

与原变种区别：叶边缘有毛，花冠裂片外面密被鳞。花期5~6月。

分布于云南香格里拉、德钦、洱源等地海拔2 900~4 300m的杜鹃灌丛中。四川亦有分布。

毛嘴杜鹃 *Rhododendron trichostomum* Franchet　008

常绿小灌木，株高0.3~1.5m。叶革质，芳香，卵圆形至卵状长圆形，叶面深绿色，叶背密被淡黄褐色鳞片。花序顶生，具花5~20朵，花冠狭筒状，白色、粉红色或玫瑰红色，雄蕊5枚。花期5~7月，果熟期8~9月。

分布于云南洱源、丽江、香格里拉等地海拔3 000~4 300m的针叶林缘、石坡或杜鹃灌丛中。四川西南、西藏东南、青海亦有分布。

参考文献

方瑞征. 中国植物志第五十七卷第一分册[M]. 北京：科学出版社，1999.

冯国楣. 云南杜鹃花[M]. 昆明：云南人民出版社，1983

冯国楣. 中国杜鹃花第一册[M]. 北京：科学出版社，1988.

冯国楣. 中国杜鹃花第二册[M]. 北京：科学出版社，1992.

冯国楣，杨增宏. 中国杜鹃花第三册[M]. 北京：科学出版社，1999.

耿玉英. 中国杜鹃花属植物[M]. 上海：上海科学技术出版社，2014.

胡琳贞，方明渊. 中国植物志第五十七卷第二分册[M]. 北京：科学出版社，1994.

沈荫椿. 杜鹃花Azaleas [M]. 北京：中国林业出版社，2016

王文采. 横断山维管植物上、下册[M]. 北京：科学出版社，1993，1994.

David Chamberlain. The Genus Rhododendron, Its Classification & Synonymy [M]. Edinburgh：Royal Botanic Garden，1996.

James Cullen. Hardy Rhododendron Species： A Guide to Identification [M]. Edinburgh：Royal Botanic Garden，2005.

中文名索引

拉丁名索引